건축사가 8개월간 기록한 공정 단계별 실무

전원주택 설계&시공

명제근 지음

건축사가 8개월간 기록한 공정 단계별 실무

전원주택
설계＆시공

주식
회사 주택문화사

들어가는 말

주택을 짓는 과정은 토지가 준비되고 건축주와 설계자의 면밀한 소통에 의한
설계작업을 통해 본격적으로 시작됩니다. 이어서 행정관청에 인·허가를 득한 후
공사가 진행되며, 수십 단계에 이르는 복잡한 공정과 절차를 거치고 나서야 비로소
한 채의 집이 완성됩니다.

저자는 건축사로서 오랫동안 건축업무에 종사하면서 설계의 중요성과 진행 과정,
인·허가 절차, 공사비에 대한 산정 기준 등, 건축주에게 어떻게 해야 보다 효율적인
공사가 진행될 수 있는지 설명해 왔습니다. 물론 전문가 입장에서는 충분히 내용을
전달하였다고 생각할 수도 있겠으나, 건축에 대한 지식이 부족한 건축주 입장에서는
많은 궁금증을 갖기 마련입니다. 시대가 변하고 건축기술의 많은 변화가 있음에도
건축에 대한 가이드가 아직도 필요한 이유는 설계작업이 다양한 창작물로서
현장의 기술자들에 의해 하나둘 쌓고 더하면서 만들어지는 것이기에 시대가 변해도
바뀌지 않는 주된 이유일 것으로 생각됩니다.

특히 건축물 중에서도 단독주택은 일률적으로 설계하여 지어지는 공동주택이나
모듈화된 건축물과 달리 대지 환경, 개별적인 거주자만의 생활방식이나 조건을
고려한 특별한 설계를 요구합니다. 그리고 시공을 통한 실현 과정에서 관리자의
능력과 열정, 작업자의 섬세한 기술에 의해 건축물의 완성도가 좌우됩니다. 이러한
단독주택의 건축적 특수성에 의한 단계별 상황에 일관되게 대처하고 관리할 수 있는
현장 지침서에 대한 목마름이 저자가 이 책을 쓰게 된 계기가 되었습니다.

책의 구성은 저자가 관리했던 경기도 이천 소재의 주택 프로젝트를 주요 대상으로 삼아 설계과정, 인·허가, 감리, 공사, 사용승인, 입주 후 유지관리까지의 전 과정을 설명하며 사진과 함께 정리하였습니다. 아울러 프로젝트 외에 건축이론과 현장의 실무적인 내용, 현대건축과 고건축의 비교 사항을 첨부하였고, 예비 건축주 또는 건축 관계자도 실무적인 관점에서 도움이 되도록 설계도면, 시공 및 예시자료 역시 제시하고자 노력하였습니다. 다만, 건축기술이 워낙 방대하고 깊이가 천차만별인 만큼 본 도서는 주택 등 소규모 건축을 기본 내용으로 기술하였으므로 건축물의 용도와 규모, 구조에 따라 적용 공법이나 기술이 달라질 수 있다는 점을 참고하여 봐주시길 독자분들께 당부드립니다.

끝으로, 책의 완성을 위해 힘을 보태 준 이현재 팀장, 따뜻한 충고와 조언을 아끼지 않은 여러 선후배님, 본 주택의 완공에 많은 애를 쓰셨던 최종림 반장님을 비롯한 공사업체 대표님과 기술자분들에게도 지면을 빌어 고마움을 표합니다. 출판을 맡아주신 주택문화사 임병기 대표님과 프로젝트가 완성되기까지 믿음과 신뢰를 보내주신 건축주께도 재차 감사를 드립니다.
어렵고 힘들 때마다 정신적인 지주가 되어주시는 그립고 사랑하는 어머님과 아버님, 언제나 늘 밝은 웃음과 행복으로 함께 하는 우리 가족에게도 사랑과 고마움의 마음을 전합니다.

저자 명 제 근

CONTENTS

※ 본 도서는 시공문화사에서 발간한 명제근 저자의 「설계에서 시공까지」를 전면 개정하여 발간한 책입니다.

대지 분석 및 현황

주택이 자리할 토지 인근 환경은 나지막한 산이 둘러싸고 있고, 앞쪽으로는 마을이
내려다보이는 곳이었다.

대지는 부정형의 경사지에 평탄 작업을 위한 약 7m 정도의 성토를 한 정리되지 않은
상태였지만, 주변은 비교적 훼손되지 않은 깨끗한 자연환경을 유지하고 있었다.

설계 협의 과정 중 건축주의 온돌방 제안은 설계자의 고향 집 모습을 떠올리게 했다.
여름에 대청과 마루가 시원했지만, 겨울밤 방 문틈으로 들이치던 냉기가 몹시도
추웠던 어릴 적 시골집 풍경은 부모님에 대한 그리움과 함께 아련한 추억으로
다가온다.

주택의 공간 구성은 현관을 지나 거실, 주방, 식당에서 복도를 통해 사랑방과 연결된다.
사랑방은 구들을 놓은 온돌방으로 그 앞에는 마루를 두었고, 사랑 마당은 마을
길 쪽에 면하여 이웃 주민들과 소통이 되는 공간이 되기도 한다. 마당 안쪽에는
현대식 공간인 거실과 침실, 부부 욕실을 계획하여 주거에 있어 안정감이 있도록
구성하였으며, 조리 공간인 주방은 외부 장독대, 수돗가 안마당으로 동선이 연결된다.

오랫동안 우리의 주거는 풍수라는 자연적 요소를 주거 공간에 적용해 왔다.
풍수에서 명당은 바람과 물이 모이고, 산과 물, 음과 양이 조화와 균형을 이뤄 생기가
모인 땅이라고 여겼다.

본 주택은 그리 높지 않은 좌청룡 내백호가 주택지를 감싸 안은 형세를 이뤘다.
주변 산에서 실개천을 따라 흘러내린 물은 대지 아래에 모이고 마을 아래로부터
불어온 바람은 산세에 의해 흩어지지 않고 멈춰 물과 만난다. 이른바 풍수에서 말하는
생기있는 땅이라 기대하며, 건축주는 물론 이웃 민가에도 좋은 일이 많기를 바람하여
본다.

마을아래에서 주택 전경

개울가에서

보행로

앞마당과 계울 연결동선

부분 입면

주택과 조경

주택 입구

대지 입구에 위치한 사랑방

사랑마당에서

주택 현관 입구

주택 정면

복도 및 식당

식당

거실

복도에서

21

누마루 전경

사랑방의 열린 조망

닫힌 사랑방의 아늑한 공간

실개천과 사랑방 풍경

동산 위에서

건축사가 8개월간 기록한
공정 단계별 실무

전원주택

설계 & 시공

설계

건축을 설계하는 일은 곧 공간을 창조하는 일이다. 공간을 만들기 위해서는 건축물이 자리할 대지의 형태와 여건 등을 고려한 많은 고민과 구상이 필요하다. 이 생각을 모티브로 설계자의 아이디어를 구체화시킴으로써 하나의 작품이 만들어지게 된다.

설계는 건축물이라는 하나의 완성된 결과물을 만들기 위한 출발점이며, 동시에 프로젝트 전체과정에서 가장 중요한 단계 중에 하나로 꼽는다.

"사람은 공간을 만들고 그 공간에 영향을 받는다"라는 말이 있다.

우리는 지금 이 순간에도 자연과 도시의 수많은 건물들 속에서 생활하며, 계절, 기후 등 여러 자연적인 요소와 더불어 주변의 작은 대상물에 이르기까지 영향을 받으며 생활하고 있다.

주택이라는 공간은 가족의 단란한 생활과 휴식을 통해 에너지를 충전하고 사회생활을 할 수 있도록 하는 보금자리이기에 주거공간을 설계할 때에는 가족구성원 모두가 느끼는 편안함이 가장 기본적인 중요한 목표가 되어야 한다.

또한, 실질적인 설계 작업 외에도 법적 검토를 통해 행정관청에 인·허가를 받아 시공할 수 있도록 하는 과정에 이르기까지 일련의 설계 과정은 아무리 강조해도 부족함이 없다 하겠다.

주택 짓는 과정

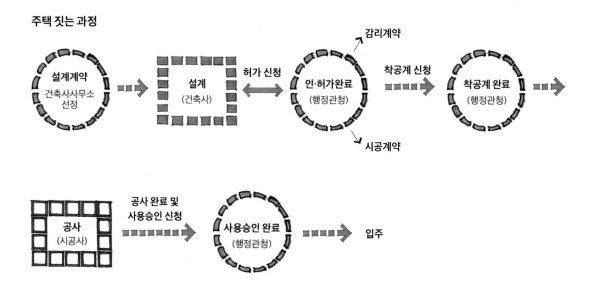

1_ 토지의 법령 검토

'국토의 계획 및 이용에 관한 법률' 에서는 전국의 땅을 총 21개의 용도지역으로 구분하고 있다. 토지가 위치한 지역에 따라 건축할 수 있는 용도와 건폐율 및 용적률에 의한 규모가 결정되며, 그에 따른 토지의 가치도 달라진다. 또한 토지환경에 따라 건축을 위한 기본적 조건인 진입도로, 상수도, 하수 배출, 토지의 경사도, 수목 상태 등 다양한 조건에 따라 건축 가능 여부 및 규모 등이 결정되므로 보다 면밀한 검토가 필요하다.

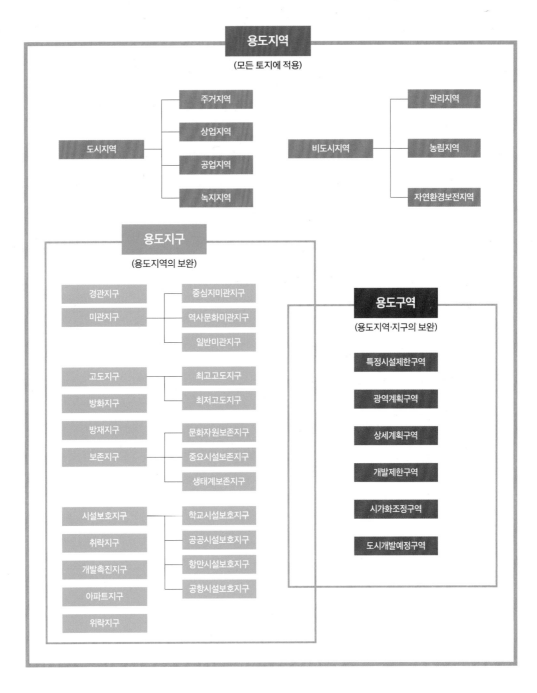

2_ 설계 진행 과정

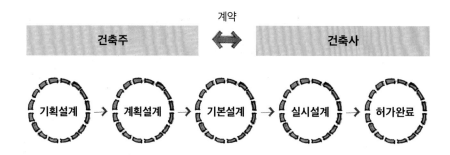

설계자는 대지 환경과 건축주의 요구 사항 등 다양한 조건을 파악하여 설계도서 작성을 위한 기본적인 조사·분석·검토·정리 등의 작업을 가장 먼저 하게 된다. 이러한 과정을 기획업무라고 한다.

1. 기획업무
건축 대지에 관한 각종 자료를 기초로 디자인을 위한 기본적인 정보들을 확인하고 분석하는 과정이다.

① 건축주 및 프로젝트에 대한 정보 수집 및 분석
- · 토지이용계획확인서 : 공법상의 이용 제한이나 거래 규제에 관한 사항
- · 지적도, 임야도 : 토지의 형태 및 경계, 도로, 하천(구거) 등에 관한 사항
- · 토지대장, 임야대장 : 면적, 지목 등의 사실 관계에 관한 사항
- · 토지, 건물등기부등본 : 소유권 등의 권리 관계에 관한 사항
- · 건축물대장(구명칭 가옥대장) : 기존 건축물의 사용승인 내용

② 대지조건 : 건축가능성, 규모 검토 및 현황 조사

③ 건축주의 요구 사항 검토 : 면적, 공간, 형태, 기타 사항 등

④ 기타 관련 자료 및 정보의 수립 : 관계 문헌 등 과거, 현재의 지역 환경과 각종 자료 검토

⑤ 관련 법규 검토
- 용도지역 및 지구 : 용도, 건폐율, 용적률, 면적, 높이, 일조권 등
- 진입도로, 주차
- 건축선, 건축한계선, 건축지정선
- 해당 지역의 규제 조건 등

⑥ **인·허가절차 및 심의 해당 여부**

- 인·허가 : 협의 부서 및 제한 내용 등
- 심의 : 건축심의, 디자인심의, 경관심의, 도시계획심의, 문화재심의 등

⑦ **협력사와 협의**

- 프로젝트 관련하여 토목, 조경, 구조, 기계, 전기, 소방 등 관련 전문 기술 업체와 기초적인
  업무 협의 및 조정

⑧ **설계 일정표**

이와 같은 조사를 통해 기획안을 종합적으로 검토하고 정리하며, 그 결과를 가지고 기획 및 계획개요서,
설계일정표를 작성하기도 한다.

■ **설계기획 및 계획 검토서**

대지위치	경기도 이천시 ○○면 ○○리 ○○번지
대지면적	819㎡(302.19평) / 999㎡ - 180㎡(건축선 후퇴 제외 면적)
지역지구	보전관리지역, 배출시설설치제한지역, 가축사육제한구역
도로현황	· 전면 3.0m 현황도로, 4m 도로폭 확보 위한 건축선 후퇴 필요 · 비도시지역에 현황도로 이용으로 허가 처리 가능할 것으로 판단
계획층수	지상 1층
건축면적	163.8㎡(최대가능면적)
연면적	655.2㎡(최대가능면적)
용적률 산정용 연면적	655.2㎡(최대가능면적)
건폐율	법정 20%(계획 - 19.8%)
용적률	법정 80%(계획 - 19.8%)
주차대수	· 단독주택 : 1 + [160(예상면적) - 150] / 100 = 1.1대 · 계획 2대
용도	단독주택
구조	철근콘크리트 + 목구조
높이	입면, 단면계획 후 결정 / 높이 제한 없음
정화조	· FRP 단독정화조 - 5인용 이상 · 대지 전면부에 기존 하수관로에 하수관 연결이 가능하며 오수는 정화 후 하천변에 직접 방류 가능
인 · 허가	· 지역 행정복지센터 신고 대상 건축물이며, 심의대상 아님 · 토지에 대한 지목은 전(밭)으로 개발행위허가 및 농지전용허가 필요 · 감리 대상 건축물에서 제외되며, 사용승인 업무는 행정관청(면사무소) 현장조사 대상 건축물임

구 분	세 부 사 항	11 월					12 월	
		1 주	2 주	3 주	4 주	5 주	1 주	2 주
PROJECT SCHEDULE		기획업무					계획설계	

00리 단독주택 / 건축설계 - 구조 - 설비 - 전기 - 기초소방 - 그래픽

건축주협의

기획업무
의사결정행위
- 건축주, 프로젝트정보, 자료수집및분석
- 건축주 요구사항검토
- 대지 조건파악
- 기타 관련자료 검토
관련 법규 검토
- 인.허가 절차, 심의업무체크

계획설계
계획설계의 기본방향설정
- 주택의 지역적 특성 및 주변환경분석
- 대지분석
- 친환경 건축 및 에너지절약계획
- 추정 공사비 검토

배치 및 평면 계획
- 배치 및 외부공간 계획
- 평면계획 (각 실 계획, 내.외부 동선계획)

입면 및 단면 계획
- 입면 cg, 내, 외부 재료 검토
- 단면 계획 (공간별 설비, 전기
- 구조계획 (주택의 안정성을

C.G작업

건축허가 (심의)

비고: 1. 허가완료는 심의, 허가처리 과정에 따라 일정조정이 발생할수 있음.

2. 계획설계

위의 기획 업무 내용을 토대로 토지의 구체적인 분석 및 건축물의 형상, 규모, 공간의 기능 배분, 구조, 재료 등 구체적인 건축물의 형태와 건축주의 요구사항을 결정하는 과정이다. 필요에 따라 스케치, 스터디 모델(study model) 등을 통해 표현하기도 한다.

배치·평면·입면·단면·구조 계획과 재료 색상 등에 대한 검토를 통해 전반적인 디자인을 결정한다.

① 대지 및 지형 분석

- 기후, 일조 및 일사에 따른 대지 및 건축물에 미치는 영향 검토
- 바람은 열 손실이 커 난방 및 냉방부하를 증가시키므로 방위와 바람 길을 고려한 검토
- 해당 지역의 강우량, 적설량, 태풍 등의 발생과 변화 등을 조사, 분석하여 건축물이 안전하게 유지될 수 있도록 검토
- 지반 토양 분석(토질에 따라 지내력과 식물 성장, 배수 능력 등에 영향을 미침)

	1 월				2 월					비고
	1 주	2 주	3 주	4 주	1 주	2 주	3 주	4 주	5 주	

기본설계   **실시설계**

건축주협의

기본설계   기본설계보완   실시설계   최종도서납품

계획설계의 기본적인구성을 보완하고
실시설계에 반영할수있도록 하는 설계작업
- 허가제출용 도서작업

기본설계도서 보완및 실시설계도서작업

반작업

협력사 외주발주

[전기, 설비, 구조]

허가(심의)용 도서작업   허가(심의)접수   심의상정   착공계제출

허가 제출도서 보완   허가완료예정

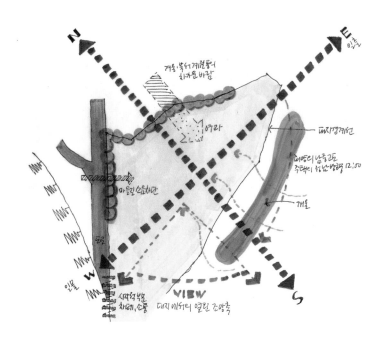

- 대지에 순응한 매스 디자인(mass design)
- 요구 조건에 따른 면적 검토
- 대지와 주변 건축물 도로 등 인위적, 자연환경 요소 등에 대한 검토

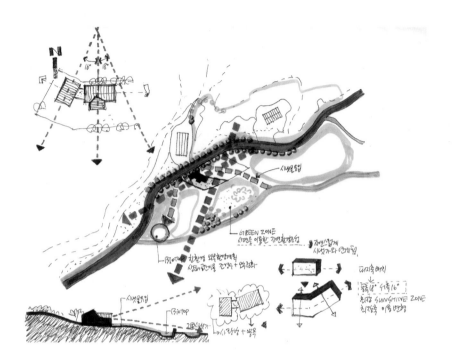

② 설계 조건 분석 및 배치 계획
- 일조, 일사, 통풍, 방위 등 자연환경적인 요소
- 대지 내에서의 시야, 대지 외부에서 대지를
  보는 시야, 대지 외부에서 대지를 관통하여
  보는 시야 등을 고려
- 소음원으로부터 건축물 이격 또는 완충 공간
  검토
- 건축물의 형태, 규모 배치 등 경관미적인 요소
- 대지 내 또는 인접 건축물 간격에 의한
  토지 이용 계획 요소
- 건축물 간의 유기적인 관계성
- 기계, 전기, 위생 등 건축 설비적인 요소
- 건물의 유지관리적인 요소 등

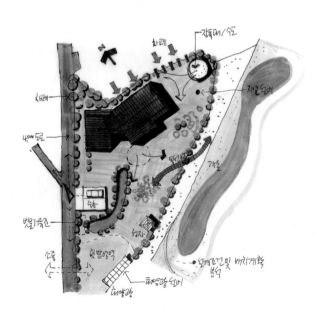

③ 평면계획

평면계획은 건물 내부에서 일어나는 모든 기능의 활동, 규모 및 그 상호 관계를 합리적으로
평면상에 계획하는 것을 말한다.

- 실은 기능의 본질을 만족시켜야 한다.
- 공간의 크기는 기능을 만족시켜야 한다.
- 전용 공간과 서비스 공간을 계획하고 그 면적비를 검토한다.
- 각 실의 배치는 상호 유기적인 관계를 갖도록 한다.
- 환경의 질을 높이기 위해 일조, 일사, 통풍 등 자연 환경적 요소를 만족시키도록 한다.
- 건물의 방위에 따라 실의 위치를 고려한다.
- 공간의 성질에 따라 소음 및 악취 등의 환경요소를 고려한다.
- 실의 성질에 따라 외부 경관을 고려한다.

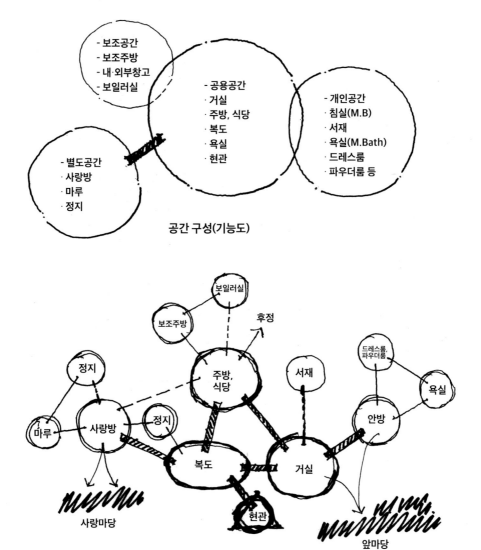

공간 구성(기능도)

관계 다이어그램

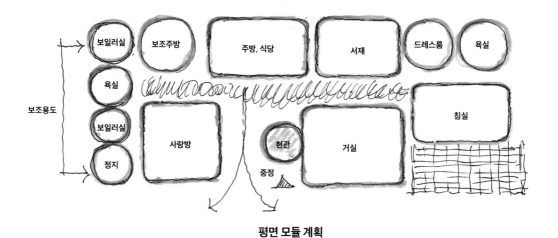

평면 모듈 계획

보조용도

보일러실　보조주방　주방, 식당　서재　드레스룸　욕실

욕실

보일러실　사랑방　현관　거실　침실

정지　　중정

KITCHEN　STUDIO　MASTER RM.

DIN　LIVING

CORR.

보일러실

정지　사랑방　중정

MAIN 출입구

④ 입면계획

평면적인 건축공간이 만들어지고 이를 입체화시키는 것이 의장설계인 입면설계이다.

- 건축미적, 구조적 형태 구성
- 건축 재료 결정
- 입면설계는 형태와 표면 구조 등 크게 두 가지로 나누어 고려한다.
- 건물의 형태는 기능을 만족시키고 규모에 상응하도록 한다.
- 건물의 형태는 주변 건물과 조화될 수 있도록 한다.
- 건물의 형태는 토지의 지형이나 배경 조건에 조화되도록 한다.
- 건물의 형태는 면과 선의 알맞은 조합을 이루도록 하며, 시공성에 문제가 없도록 한다.
- 건물의 형태와 관련 그 규모는 인간 척도에 적합하도록 한다.
- 가능한 형태 구성에 비례와 모듈 이론을 응용하도록 한다.
- 건물의 기능과 규모에 맞는 파사드 패턴을 검토한다.
- 명암, 색채, 질감 등의 상호 조화와 대비 효과를 얻도록 한다.
- 건물의 음영과 그림자의 영향을 고려한다.
- 표면 구성은 건물의 배경 요소인 토지, 수목, 하늘, 건물 등과의 관계, 강변이나 해변, 비온 뒤의 상황에
  따라 시각 효과가 다르므로 이에 대한 고려를 한다.

⑤ 단면계획

- 종합적인 검토를 통한 건물의 구조 형태를 결정한다.
- 건물의 기능과 규모를 고려하여 구조의 형식을 결정한다.
- 구조가 건물의 형태 구성에 미치는 영향을 고려한다.
- 건물의 내구성과 시공성을 고려한 단면계획이 되도록 한다.
- 하중의 크기와 성질에 따른 합리적인 재료와 공법을 적용한다.
- 공간의 기능 및 모듈에 따라 구조 부재의 간격과 높이를 결정한다.
- 공간의 크기는 가능한 경제성과 안정성을 고려한다.

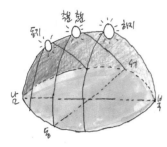

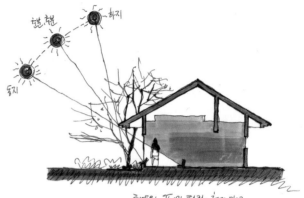

⑥ 구조계획

구조계획이란 안전하고 내구적이며 경제적인
구조체계를 위해서 계획하는 작업이며, 합리적인
구조체를 만들기 위해서는 구조 형태, 역학적인 힘,
재료적 특성 등 3가지 요소를 잘 조합하여 설계한다.

⑦ 설비계획

설비계획은 건축공간의 환경을 제어하여 안락한 공간을
만들기 위함이며 급·배수 설비와 조명 및 전기통신 설비,
냉·난방 및 공기조화 설비, 오수정화 설비, 가스 설비,
소화 설비 등이 있다.
설비계획은 인공적인 요소와 자연적인 요소를 적절히
병행하여 계획하는 것이 필요한데, 이러한 설비계획이
건축공간에 뒷받침되어야 효율적인 공간이 만들어지게
된다.

- 모든 설비는 최대한 안정성이 확보되도록 한다.
- 유지·보수가 용이하도록 한다.
- 장래의 소요용량에 대한 예비계획이 반영되도록 한다.
- 가능한 경제적으로 설계되도록 한다.

3. 기본설계

건축사

↕ 계약

협력사(구조, 설비, 전기업체 등)

기본설계는 계획설계의 기본적인
구성을 보완하고 향상시켜 실시설계에
반영할 수 있도록 구체화하는
단계이다. 건축물의 구조, 형태,
치수, 재료 등을 결정하고 도면으로
정리하여 표현되며, 기본설계도서를
기초로 행정관청에 인·허가를
신청하게 된다. 각 부문별 설계도서와
그에 따른 계산서가 작성된다

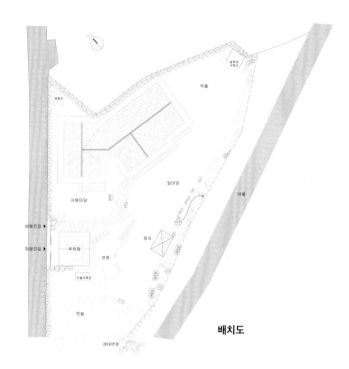

배치도

모델링(투시도)

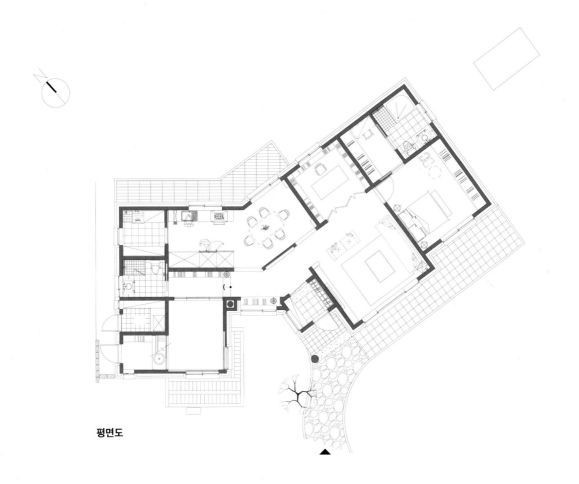

평면도

입면도

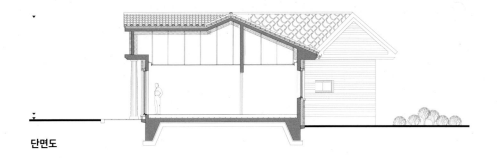

단면도

4. 실시설계

기본설계를 바탕으로 시공을 위한 구체적인 도면을 작성하는 단계이다. 실시설계 도서는
설계자의 의도를 시공자에게 정확하게 전달하는 것을 목적으로 하기 때문에 보다 전문적이고
기술적인 내용을 담게 되며, 현장에서는 공사를 위한 각종 상세도면을 추가로 작성하기도 한다.
각종 설계도면과 도면으로 표현하기 어려운 내용을 구체적으로 제시한 시방서, 구조계산서, 각종
계획서 등을 종합하며, 계약 범위에 따라 모델링, 공사내역서 등을 추가하기도 한다. 행정관청의
허가가 완료되면 허가용 및 실시설계 도서를 건축주에게 납품함으로써 설계 작업이 모두
완료된다.

5. 사후 설계 관리

건축 설계가 완료된 후 시공과정에서 설계 의도가 충분히 반영되도록 수행되어지는 제반 관리
업무로 공사 감리와 디자인 감리를 말하며, 건축주의 요청과 법적 기준에 따라 이루어진다.

건축사가 8개월간 기록한
공정 단계별 실무

전원주택

설계 & 시공

건축 인·허가 [건축법 (신고) 제14조, (허가) 제11조]

1_ 건축허가 및 신고

기본 설계도서가 완성되면 신청인은 건축허가를 위해 건축주는 건축사의 협조를 받아
설계도서(도면 등 서류 일체)를 관할 행정관청에 신청한다.

1. 건축신고 대상

구분	내용
신축	- 도시지역(주거·상업·공업·녹지지역) 내의 연면적 100㎡ 미만 건축물 - 비도시지역(관리·농림·자연환경보전지역)에서 연면적 200㎡ 미만이고, 3층 미만인 건축물의 건축 - 표준설계도서에 따라 건축하는 건축물로 그 용도 및 규모가 주위 환경이나 미관에 지장이 없다고 인정하여 건축조례로 정하는 건축물
증축	- 바닥면적의 합계가 85㎡ 이내의 증축 · 개축 또는 재축. 다만, 3층 이상 건축물인 경우에는 증축 · 개축 또는 재축하려는 부분의 바닥면적의 합계가 건축물 연면적의 10분의 1 이내인 경우 - 건축물의 높이를 3미터 이하의 범위에서 증축하는 건축물
대수선	- 연면적이 200㎡ 미만이고 3층 미만인 건축물의 대수선 - 주요 구조부의 해체가 없는 등 대통령령으로 정하는 대수선 · 내력벽의 면적을 30㎡ 이상 수선하는 것 · 기둥을 세 개 이상 수선하는 것 · 보를 세 개 이상 수선하는 것 · 지붕틀을 세 개 이상 수선하는 것 · 방화벽 또는 방화 구획을 위한 바닥 또는 벽을 수선하는 것 · 주계단·피난계단 또는 특별피난계단을 수선하는 것

※ 신고 규모 이상의 신축 건축물은 허가 대상이며, 모든 설계도서는 건축사가 작성해야 한다.
또한 건축신고는 허가에 비해 행정 절차의 간소화와 세금 관련 비용에서 차이가 있다.

· 대수선 - 건축물의 기둥, 보, 내력벽, 주계단 등의 구조나 외부 형태를 수선·변경하거나 증설하는 것으로
증축·개축 또는 재축에 해당하지 않는 법에서 정하는 규모 이하의 것을 말한다.

2. 인·허가 과정

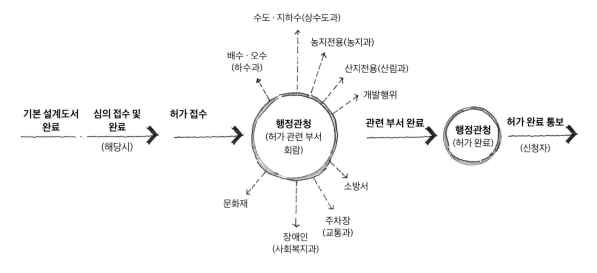

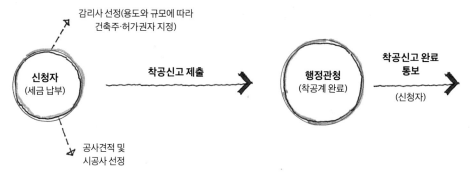

3. 공사장의 비산먼지

일정 규모 이상의 공사는 비산먼지발생신고서 및 특정공사사전신고서를 작성하여 관할 행정관청으로부터
승인을 얻어야 한다. 해당 사업장은 비산먼지 억제를 위한 방음 방진벽, 세륜시설 등 규정에 따른 시설을 설치한 후
공사해야 한다.

비산먼지 발생 규모(허가 제출 시 허가 완료 후 또는 착공신고 전에 신고하여야 한다)

구분	내용
공사현장 비산먼지 (대기환경보전법 시행규칙 별표13)	- 건축물(증·개축, 재축, 대수선을 포함)의 연면적 1,000㎡ 이상의 공사 - 토공사 및 정지공사의 경우 공사면적의 합계가 1,000㎡ 이상 - 구조물의 용적 합계가 1,000㎡ 이상, 공사면적이 1,000㎡ 이상 또는 총 연장이 200m 이상인 공사 - 굴정(구멍뚫기)공사의 경우 총연장이 200미터 이상 또는 굴착(땅파기) 토사량이 200㎡ 이상인 공사 - 기타 법에서 정하는 규모의 공사
특정공사 (소음,진동관리법 시행규칙 제21조)	- 연면적이 1천㎡ 이상인 건축물의 건축공사 및 연면적이 3천㎡ 이상인 건축물의 해체공사 - 구조물의 용적 합계가 1천㎡ 이상 또는 면적 합계가 1천㎡ 이상인 토목건설공사 - 면적 합계가 1,000㎡ 이상인 토공사 및 정지공사 - 총연장이 200미터 이상 또는 굴착 토사량의 합계가 200㎡ 이상인 굴정공사 - 기타 법에서 정하는 규모의 공사

4. 개발행위허가(국토의 계획 및 이용에 관한 법률 제56조)

개발 행위의 주된 내용은 건축물의 건축과 토지의 형질 변경이다.

건축 행위는 토지 위에 건축물을 건축하는 것이므로 토지의 법적 성질(농지, 임야, 도로, 절·성토, 하수처리, 임목, 경사도등)에 대한 국토계획법의 개발 행위에 대한 허가 가능성을 사전에 확인하여야 하며, 건축법 외에도 여러 개별법에 따라 허가 여부가 결정된다. 건축물에 대한 허가 및 공사, 사용승인(준공)이 완료되면 토지는 그 용도에 맞는 지목(대)으로 변경된다.

① 개발행위에 따른 농지에서의 면적 및 비용 부담(농지법 제38조)

○ 개발 가능 면적
- 농업인주택(660㎡)
- 단독, 다가구주택(1,000㎡)
- 다세대주택(1,500㎡)

○ 비용 부담
- 토목측량사무소 설계용역비
- 토목공사 이행금(개발 규모에 따라 차이가 있음)
- 농지보전부담금(개별공시지가의 30%, 상한금액 ㎡당 50,000원)이 부과된다.
  산출식 : 허가면적(㎡) x 전용농지의 개별공시지가(원/㎡) x 30%
  (농업인으로 660㎡ 이내의 부지에 농가주택을 건축하는 경우 농지 전용 부담금은 면제된다.
  농업인 요건 확인)
- 지역개발공채 - 도시지역 1,500원/3.3㎡, 도시 외 지역 1,000원/3.3㎡

② 개발 행위에 따른 산지에서의 허가 조건 및 비용 부담(산지관리법)

산지 전용을 하려는 경우 신청자는 허가서를 발급 받기 전까지 산림청이 고시하는 부담금을 내야 한다.

○ 개발 행위 조건(용도, 지역, 규모 등에 따라 적용 기준에 차이가 있음)
- 경사도 : 전용하려는 산지의 평균 경사도가 25° 이하
- 입목 축적 : 산림 형질 변경 임야의 ha당 평균 입목 축적이 관할시군 또는 자치구의 ha당 평균 입목 축적의 150% 이하
- 입목 구성 : 임야 안 수목의 평균 년수가 50년 이상인 활엽수립의 점유면적이 ha당 78.5% 이하
- 절개면의 높이 : 조성된 절개면의 수직 높이가 15m 이하이어야 하고, 비탈면의 수직 높이는 5m 이상마다 1m의 소단 설치

○ 비용 부담
- 토목측량사무소 설계용역비
- 토목공사 이행금(개발 규모에 따라 차이가 있음)
- 대체산림자원조성비 : 산지 조성으로 훼손되는 산림을 대체 육성·보전하려는 목적으로 부과되는 비용이다.
  준보전산지 6,790원/㎡, 보전산지 8,820원/㎡, 산지전용·일시사용 제한지역 13,580원/㎡

· 산지복구비 : 산지 전용 과정에서 토사의 유출 등
  공사 중 훼손된 산림을 복구하는 데 소요되는 비용을
  미리 예치하는 것이다. 금액은 현금 또는 유가증권
  보험증서 등이 가능하며, 산지 전용이 완료되면
  복구비는 반환된다.(신청면적 660㎡ 이하는 제외)
· 산림조사비(임목이 있을 경우이며, 신청면적
  660㎡ 이상)
· 지역개발공채 : 도시지역 2,000원/3.3㎡
· 재해 위험성 검토 용역비 : 전용허가를 받으려는
  산지의 면적이 660㎡ 이상

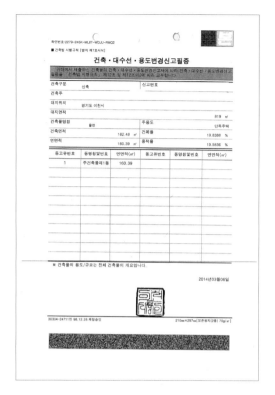

위의 개발행위허가(농지, 임야) 관련 내용은 토지가 소재한
행정관청에 따라 적용 기준의 차이가 있을 수 있다. 또한
관련 비용 외 지역개발공채, 국민주택채권 및 각종 면허세
등 비용 등과 토지 조건에 따라서 토목기술용역비의
변경이 있을 수 있다.
주무부서(허가과)에서는 여러 관련 부서로 제출된 도서를
회람하게 되며, 각 담당 부서에서는 관련법의 적법 여부를
판단하여 결과서를 주무 부서에 보내 최종적으로 의제 처리
형태로 허가를 낸다.

행정관청 검토 후 허가필증 교부

· 허가 처리로 행정관청에서는 신청자에게 허가필증과
  별도의 건축 허가 조건 사항에 대한 문서가 교부되며,
  건축주는 설계도면 외에 허가 조건 내용에 맞도록 공사가
  이루어지도록 하여야 한다.
· 공사 착수 기간 : 허가를 받은 날부터 2년 이내에 공사에
  착수하여야 하며, 1년에 한하여 연장이 가능하다.(총 3년)

2_ 건축물의 해체 및 멸실(건축물관리법 제30조)

기존 건축물이 있어 해체 후 공사를 해야 하는 경우 해체는 관할 행정관청 허가권자에게 허가 또는 신고
후 해체하여야 한다.
건축물을 해체하고자 할 경우 규모에 따라(석면 안전관리법-건축물 석면조사 / 산업 안전보건법-기관
석면조사, 일반 석면조사) 해체 건축물에 석면이 함유되어 있는지를 확인하여야 하며, 해체 허가를 받은
건축물은 작업의 안전한 관리를 위해 건축물의 해체 감리 자격이 있는 기술자(건축사 등…)를 지정하여
건축물 해체 시에 공사 감리가 이루어지도록 하여야 한다.

※ **의제 처리** : 개별 법률에 따라 각각 이행해야 하는 인 · 허가를 일괄하여 처리함으로써 행정 업무의 효율성을 높이고자 운영하는 것

해체신고 및 허가대상

해체신고	① 주요 구조부의 해체를 수반하지 않는 건축물의 해체 ② 다음 각호에 모두 해당하는 건축물의 전체를 해체하는 경우 ㉠ 연면적 500㎡ 미만의 건축물 ㉡ 건축물의 높이가 12m 미만인 건축물 ㉢ 지상층과 지하층을 포함하여 3개 층 이하인 건축물 ㉣ 바닥면적 85㎡ 이내의 증축, 개축, 재축(3층 이상 건축물의 경우 연면적의 1/10 이내의 해체) ㉤ 연면적 200㎡ 미만, 3층 미만 건축물의 대수선 ㉥ 관리지역 등에 있는 높이 12m 미만 건축물
해체허가	① 신고 대상 건축물을 제외한 모든 건축물 ② 신고 대상 건축물임에도 불구하고 다음 각호의 어느 하나에 해당하는 경우에는 허가를 받아야 한다. ㉠ 해당 건축물 주변의 일정 반경 내에 버스 정류장, 도시철도 역사 출입구, 횡단보도 등 해당 지방자치단체의 조례로 정하는 시설이 있는 경우 ㉡ 해당 건축물의 외벽으로부터 건축물의 높이에 해당하는 범위 내에 해당 지방자치단체의 조례로 정하는 폭 이상의 도로가 있는 경우 ㉢ 그 밖에 건축물의 안전한 해체를 위하여 건축물의 배치, 유동인구 등 해당 건축물의 주변 여건을 고려하여 해당 지방자치단체의 조례로 정하는 경우

■ 해체공사 신고 절차도

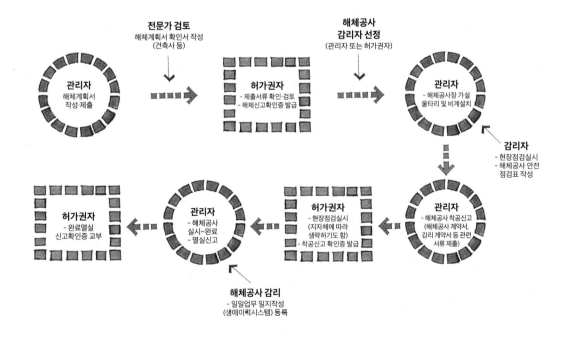

※ **건축물의 해체** : 산업안전보건법 시행령 제89조의 3 사업주는 기존 건축물을 해체, 제거하고자 하는 경우 석면 함유를 확인하기 위한 조사를 해체 전 실시하여야 한다.
· 건축물의 철거, 해체하려는 부분의 면적의 합계가 50㎡ 이상인 경우
· 주택의 철거, 해체하려는 부분의 면적 합계가 200㎡ 이상인 경우
· 기타 규모 이상의 단열재, 보온재, 파이프 등
· 설비공사에 사용된 철거, 해체의 경우
· 해체계획서 작성 시 해체 건물의 구조도면 유 · 무를 확인하여 도면이 없을 경우 현장조사를 통해 실측도면을 작성하여야 하며, 해체 건물에 장비를 탑재하여 해체하는 건물의 경우 별도의 구조안정성 검토서를 작성하여 해체계획서와 함께 제출하여야 한다.

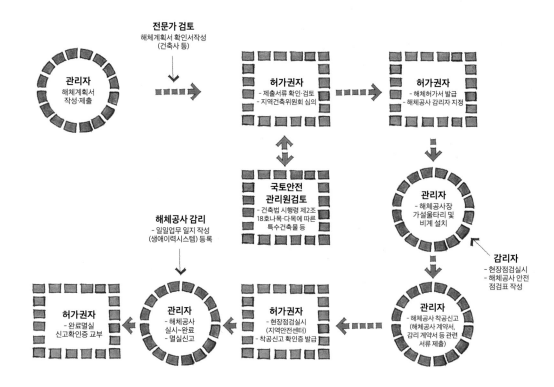

3_ 시공사 선정

설계도서가 모두 완성되면 건축을 위한 시공사를 선정하여야 한다. 공사비는 설계도서를 기준하여 재료비, 시공을 위한 인건비, 보험 및 관리를 위한 경비, 이윤 등을 더하여 총 공사비를 산출하게 되는데 설계도서의 완성도가 높아야 세부적인 부분에 이르기까지 누락됨이 없이 공사비용 산출이 가능하다. 보통 건축주는 시공사 선정을 위해 2~3곳의 전문 시공업체에 의뢰하여 견적을 받아보고 가장 적합하다고 판단되는 곳에 공사를 의뢰하게 된다. 설계도면의 완성도가 떨어지면 비용 산출을 위한 견적자의 혼선이 생길 수 있으며, 불명확성으로 인한 견적자의 자의적인 판단에 의해 견적을 하게 된다. 또한 견적자의 도면 이해도와 결과물을 만들어내고자 하는 시공사의 노력과 시공력에 따라서도 공사금액이 다르게 나올 수 있다. 주택은 큰 규모의 건축물이 아니기에 공사 관리자의 능력과 열정에 따라 결과물이 달라질 수 있기 때문에 이를 종합적으로 고려하여 시공자를 선정한다.

■ 설계도서를 기준으로 공사비를 산출한 내역서

① **원가계산서** - 직접공사비와 간접공사비, 기계경비가 포함된 총공사비를 말한다.
 · 직접공사비 - 건물을 완성하는데 필요한 직접재료비와 공사를 위한 작업자들의 인건비인 직접노무비,
  건설장비의 사용 비용인 기계경비가 포함된다.
 · 간접공사비 - 건물을 완성하는데 필요한 부수적인 비용 등을 말하며, 보조인력의 인건비인 간접노무비와
  각종 보험료, 그밖의 기타 경비(세금, 공과금, 지급수수료 등)가 포함된다.
  - 원가 계산서상에는 직접재료비, 간접노무비, 기계경비가 직접공사비에 해당하고, 나머지는 간접공사비에
   해당한다.
② **집계표** - 내역서에서 산출한 각 공사의 공종별 재료비, 노무비, 경비의 합계를 산출한 것을 말한다.
③ **공종별 내역서** - 설계도서를 기준으로 각각의 공사 내용에 따른 소요물량에 재료비와 노무비 경비 등의
 비용을 곱하여 산출한 것을 말한다.

공사 원가 계산서

공사명 : OO 단독주택 신축공사

비 목	구 분		구 성 비	금 액	비 고
순 공 사 원 가	재료비	직 접 재 료 비		327,775,031	
		간 접 재 료 비			
		작업설,부산물 등(△)			
		소 계		327,775,031	
	노무비	직 접 노 무 비		163,441,063	
		간 접 노 무 비	직.노*12.4%	20,266,691	
		소 계		183,707,754	
		기 계 경 비		27,735,552	
		산 재 보 험 료	(노)*3.7%	5,677,000	
		고 용 보 험 료	(노)*1.01%	1,534,000	
		건 강 보 험 료	(직.노)*3.495%	7,595,000	
		연 금 보 험 료	(직.노)*4.5%	6,904,000	
		노인장기 요양 보험료	(건강보험료)*12.27%	-	
		퇴 직 공 제 부 금 비	(직.노)*2.3%	-	
		안 전 관 리 비	(재+직.노/1.1)*1.86%	-	
		기 타 경 비	(재.노)*7.7%	-	
		환 경 보 전 비	(직.노+기.경)*0.5%	-	
		건설하도급보증수수료	(직.노+기.경)*0.5%	-	
		건설기계대여 보증수수료	(직.노+기.경)*0.5%	-	
		소 계		49,445,552	
	계			560,928,337	
일 반 관 리 비			(재+노+경)*6%	32,353,100	
이 윤			(노+경+일)*14.999924%	36,567,022	
총 원 가				629,848,459	
부 가 가 치 세			(총원가)*10%	62,984,845	
총 공 사 비				692,833,304	

공종별 집계표

공사명 : 00 단독주택 신축공사

품 명	단위	수량	재 료 비		노 무 비		경 비		합 계		비고
			단 가	금 액	단 가	금 액	단 가	금 액	단 가	금 액	
01. 공통가설공사	식	1					8,084,000	8,084,000	8,084,000	8,084,000	
02. 가설공사	식	1	3,278,851	3,278,851	5,419,117	5,419,117	270,600	270,600	8,968,568	8,968,568	
03. 토공사	식	1	372,250	372,250	4,527,169	4,527,169	217,475	217,475	5,116,894	5,116,894	
04. 철근콘크리트공사	식	1	18,054,803	18,054,803	11,166,174	11,166,174	687,619	687,619	29,908,596	29,908,596	
05. 목목구조	식	1	71,160,453	71,160,453					71,160,453	71,160,453	
06. 조적공사	식	1	8,625,375	8,625,375	15,490,673	15,490,673	203,803	203,803	24,319,851	24,319,851	
07. 타일공사	식	1	4,728,922	4,728,922	5,831,308	5,831,308	33,553	33,553	10,593,783	10,593,783	
08. 석공사	식	1	1,210,671	1,210,671	1,021,163	1,021,163	2,654	2,654	2,234,488	2,234,488	
09. 목공사	식	1	13,837,954	13,837,954	16,755,201	16,755,201			30,593,155	30,593,155	
10. 방수공사	식	1	1,569,512	1,569,512	1,626,607	1,626,607			3,196,119	3,196,119	
11. 단열공사	식	1	14,756,040	14,756,040	2,027,063	2,027,063	27,090	27,090	16,810,193	16,810,193	
12. 금속공사	식	1	2,765,600	2,765,600	2,509,452	2,509,452	10,799	10,799	5,285,851	5,285,851	
13. 미장공사	식	1	5,045,649	5,045,649	20,501,900	20,501,900	403,912	403,912	25,951,461	25,951,461	
14. 창호공사	식	1	50,473,600	50,473,600	1,733,000	1,733,000			52,206,600	52,206,600	
15. 도장공사	식	1	4,651,394	4,651,394	12,856,813	12,856,813	153,506	153,506	17,661,713	17,661,713	
16. 수장공사	식	1	5,793,758	5,793,758	9,930,974	9,930,974	47,551	47,551	15,772,283	15,772,283	
17. 지붕및홈통공사	식	1	8,871,435	8,871,435	13,158,222	13,158,222	39,990	39,990	22,069,647	22,069,647	
18. 골재대	식	1	2,500,854	2,500,854			160,000	160,000	2,660,854	2,660,854	
19. 부대토목및기타공사	식	1	62,283,000	62,283,000	19,923,000	19,923,000	17,393,000	17,393,000	99,599,000	99,599,000	
20. 전기공사	식	1	12,352,000	12,352,000	11,051,571	11,051,571			23,403,571	23,403,571	
21. 설비공사	식	1	35,442,910	35,442,910	7,910,657	7,910,657			43,353,567	43,353,567	
합 계				327,775,031		163,441,063		27,735,552		518,951,646	

공종별 내역서

공사명 : 00 단독주택 신축공사

품 명	규 격	단위	수량	재 료 비		노 무 비		경 비		합 계		비고
				단 가	금 액	단 가	금 액	단 가	금 액	단 가	금 액	
04. 철근콘크리트공사												
레미콘	레미콘, 25-18-12	㎥	18	72,700	1,308,600					72,700	1,308,600	①
레미콘	레미콘, 25-24-15	㎥	42	79,720	3,348,240					79,720	3,348,240	①
레미콘	레미콘, 25-27-15	㎥	57	83,480	4,758,360					83,480	4,758,360	①
철근콘크리트용봉강	철근콘크리트용봉강, HD-10, SD350/400	톤	2	1,003,000	2,006,000			50,000	100,000	1,053,000	2,106,000	① 고장력철근
철근콘크리트용봉강	철근콘크리트용봉강, HD-13, SD350/400	톤	3	993,000	2,979,000			50,000	150,000	1,043,000	3,129,000	① 고장력철근
철근콘크리트용봉강	철근콘크리트용봉강, HD-16, SD350/400	톤	1.5	988,000	1,482,000			50,000	75,000	1,038,000	1,557,000	① 고장력철근
철근가공조립	보통(미활증)	TON	6.5	16,399	106,593	739,080	4,804,020			755,479	4,910,613	일위 16호
합판거푸집	3회	M2	117	15,804	1,849,068	40,395	4,726,215	403	47,151	56,602	6,622,434	일위 17호
펌프카봉타설(무근,25/20)	50㎥미만,슬럼프8-12	M3	18	1,904	34,272	12,925	232,650	2,769	49,842	17,598	316,764	일위 18호
펌프카봉타설(철근,25/20)	50~100㎥미만,슬럼프8-12	M3	57	1,524	86,868	13,831	788,367	2,216	126,312	17,571	1,001,547	일위 19호
펌프카봉타설(철근,25/20)	50㎥미만,슬럼프8-12	M3	42	2,281	95,802	14,641	614,922	3,317	139,314	20,239	850,038	일위 20호
합 계					18,054,803		11,166,174		687,619		29,908,596	

4_ 착공신고(건축법 제21조)

착공신고는 허가 또는 신고를 득한 후 공사를 위해 감리자와 시공자를 정하여 허가 조건 이행 사항에 따른 공사를 위해 관련 서류를 첨부하여 착공신고서와 함께 허가권자에게 신고하여야 한다.

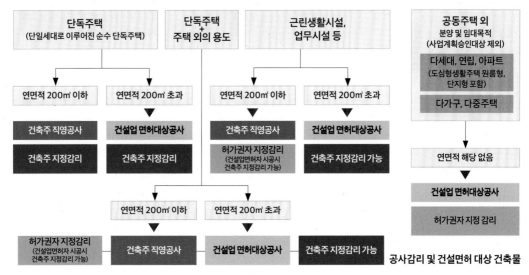

공사감리 및 건설면허 대상 건축물

※ 건축신고 규모의 건축물은 공사감리 대상에서 제외된다.

5_ 허가·신고사항 변경(건축법 제16조)

허가를 받았거나 신고를 한 사항을 공사 중 다양한 요인(건축물 이동, 구조 및 면적 변경 등)에 의해 변경을 하고자 하는 경우 관할 행정관청에 변경 신고 후 공사를 실시해야 한다. 다만 경미한 변경의 경우 설계 변경으로 인한 공사 중단, 행정 업무 등의 불편을 없애기 위해 아래 사항의 경우 사용승인 시 일괄 신청이 가능하다.

구분	내용
사용승인 신청 시 일괄신고	① 건축물의 동수나 층수를 변경하지 아니하면서 변경되는 부분의 바닥면적의 합계가 50㎡ 이하인 경우로서 아래 요건을 모두 갖춘 경우 · 변경되는 부분의 높이가 1미터 이하이거나 전체 높이의 10분의 1 이하일 것 · 허가를 받거나 신고를 하고 건축 중인 부분의 위치 변경 범위가 1m 이내일 것
	② 건축물의 동수나 층수를 변경하지 아니하면서 변경되는 부분이 연면적 합계의 10분의 1 이하인 경우 ③ 대수선에 해당하는 경우 ④ 건축물의 층수를 변경하지 아니하면서 변경되는 부분의 높이가 1m 이하이거나 전체 높이의 10분의 1 이하인 경우 ⑤ 건축물의 위치가 1m 이내에서 변경되는 경우

6_ 건축 관계자 변경(건축법 시행규칙 제11조)

건축허가를 득한 후 또는 공사 중에 건축주, 설계자, 감리자, 시공자를 변경하여야 하는 경우가 있을 수 있다. 특히 건축주 명의 변경은 소유권이 바뀌는 것이므로 동의자의 명의 변경 동의서 뿐만 아니라 토지사용승낙서 (토지소유자가 다른 경우)를 첨부해야 한다. 지상권자(이용권) 또는 저당권자(담보권 - 주로 은행)가 있다면 이들의 사용승낙서도 필요하다.

건축사가 8개월간 기록한
공정 단계별 실무

전원주택

설계 & 시공

공사감리(건축법 제25조)

건축허가를 받은 건축물은 착공신고(p.50 표 참조) 시 규모에 따라 건축사를 공사감리자로 정하여야 한다. 이는 전문가인 건축사로 하여금 시공자의 공사 과정을 감독·관리하게 함으로써 불법건축물을 방지하고 보다 양질의 건축물을 만드는 데 목적이 있다.

1_ 공사감리 업무의 구분

공사감리란 법에서 정하는 바에 따라 건축물 및 건축설비 또는 공작물이 설계도서의 내용대로 시공되는지 여부를 확인하고, 품질관리·공사관리 및 안전관리 등에 대하여 지도·감독하는 행위로서 비상주감리, 상주감리, 책임상주감리로 구분한다.

구분	내용
비상주감리	공사감리자가 당해 공사의 설계도서, 기타 관계 서류의 내용대로 시공되는지의 여부를 확인하고, 수시로 또는 필요할 때 시공과정에서 건축 공사현장을 방문하여 확인하는 행위
상주감리	공사감리자가 당해 공사의 설계도서, 기타 관계 서류의 내용대로 시공되는지의 여부를 확인하고, 건축 분야의 건축사보 한 명 이상을 전체 공사기간 동안 배치하여 건축 공사의 품질관리·공사관리 및 안전관리 등에 대한 기술지도를 하는 행위
책임상주감리	공사감리자가 당해 공사의 설계도서, 기타 관계 서류의 내용대로 시공되는지의 여부를 확인하고, 「건설기술 진흥법」에 따른 건설기술용역업자나 건축사를 전체 공사기간 동안 배치하여 품질관리, 공사관리, 안전관리 등에 대한 기술지도를 하며, 건축주의 권한을 대행하는 감독업무를 하는 행위

2_ 공사감리 단계별 주요 업무

1. 설계도서 검토 및 대지 현황 조사

- 설계도서 상호간에 불일치한 사항, 불명확한 사항 의문사항 등은 설계자와 협의하여 시공 지도
- 현장조사 및 시공자의 피해 방지 대책 수립 사항에 대한 검토
- 감리자는 규정에 따른 공사의 공종에 이르렀을 때 설계도서 및 품질관리 기준 등에 따라 적합 시공 여부를 검사한 후 감리중간보고서를 건축주에게 제출한다.

2. 시공 지도 및 확인

- 건축 시공 시 건축물의 위치 및 배치, 건폐율, 용적률,
도로, 인접 대지 경계선, 인접 대지 건축물과 관련되는 모든
부분의 법적 사항 검토
- 시공자의 공정관리계획이 공사의 종류, 특성, 공기 및
현장의 실정 등을 감안하여 수립되었는지를 검토 및
확인하고 시공의 경제성과 품질 확보의 적합성 등을 검토
- 주요 공정별, 단계별로 시공 규격 및 수량이 설계도서의
내용과 일치하는지를 검사하고 확인된 부분에 대하여 다음
공정에 착수할 수 있도록 한다.

3. 품질 및 안전관리 사항의 검토

- 각각의 공사 작업 전 설계도서에 따른 각종 재료의 확인과
변경이 필요한 경우 건축주 또는 시공자와 협의
- 시공자가 사용 자재에 대하여 시방서 및 법령에 따라
수행하는 여러 품질관리에 대하여 시험 업무 및 시험
성과물에 대한 검토·확인
- 공사 전반에 대한 안전 관리 계획의 사전 검토, 실시 확인
및 평가 자료의 기록 유지 등 공사 시공자가 사고 예방을
위한 안전 관리를 취하도록 지시 및 관리한다.

4. 감리 완료 보고

- 공사 감리자는 건축주가 사용승인 또는 임시사용승인을 신청하는 경우 설계도서 및 품질관리 기준 등에 따라
적합 시공 여부를 검사한 후 감리완료보고서를 작성하여 건축주 및 행정관청에 제출하므로서 감리업무가 완료된다.

공사 감리 업무 프로세스

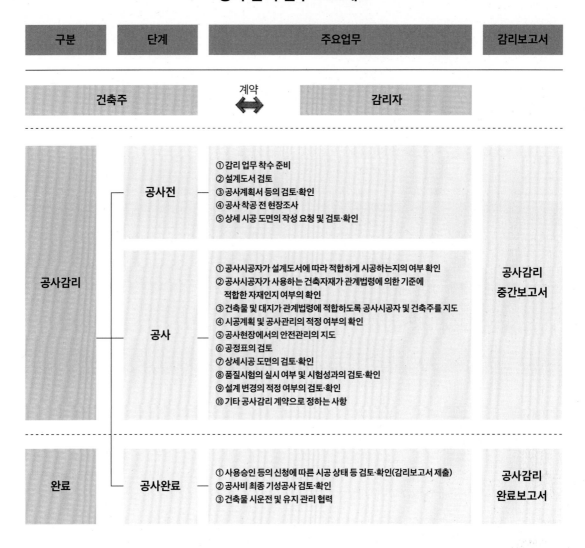

※ 공사감리자는 감리일지를 기록·유지하여야 하고, 공사의 공정이 법에 정하는 진도에 다다른 경우에는 감리중간보고서를, 공사를 완료한 경우에는 감리완료보고서를 작성하여 건축주 및 허가권자에게 제출하여야 한다.

■ 제출서류
· 공사감리중간보고서 - 콘크리트공사의 경우 ㉠ 기초공사 철근배근을 완료한 때 ㉡ 지붕 슬래브배근을 완료한 때 ㉢ 5층 이상 건축물인 경우 지상 5개 층마다 상부 슬래브 배근을 완료한 때
· 건축 공사 감리 체크리스트[감리업무 구분에 따라 작성하여야 하는 체크 리스트(check list) 내용과 공정은 각각 다르게 규정되어 있음]
· 공사감리일지
· 공사 현황 사진 및 동영상(건축물의 하층부가 필로티나 그 밖의 이와 비슷한 구조로서 상층부와 다른 구조 형식으로 설계된 건축물 중 3층 이상인 건축물, 다중 이용 건축물 등)
· 기타 공사감리자가 필요시 의견 및 자료 제출

건축사가 8개월간 기록한
공정 단계별 실무

전원주택

설계 & 시공

제1장

총론

모든 행정 절차가 완료되면 공사 착공을 하게 된다.
시공자는 설계도서를 기준으로 기술적인 부분을
검토하고 보완하여 책임시공을 하여야 한다.
특히 소규모로 이루어지는 주택공사의 경우
일반건축물에 비해 보다 높은 수준의 품질이
요구되므로 보다 면밀한 검토와 충실한 시공이
이루어질 수 있도록 관계자간 긴밀하게 협력하여
최선의 결과물을 만들 수 있도록 한다.

1_ 설계도서 해석의 우선 순위

공사 중에 설계도서 법령해석, 감리자의 지시사항 등 해석에 있어 계약으로 적용의 우선 순위를 정하지 아니한 때에는 아래의 순서를 원칙으로 한다.

1 공사 특기시방서	**2** 설계도면	**3** 표준시방서	**4** 내역서
5 승인된 시공도면	**6** 관계법령의 유권해석	**7** 감리자의 지시 사항	

2_ 착공 전 현장 전경

1 마을 아래에서 **2** 서쪽 동산에서 **3** 북, 동쪽 대지에서 **4** 동쪽 개울 건너에서

3_ 대지 주변 현황조사

건축을 시작하기 전 공사 현장과 주변에 대한 조사를 통해 공사 중 발생할 수 있는 문제를 사전에 제거하고 준비하여 공사가 원만히 진행되도록 한다. 현장 내 재료 반입을 위한 차량 진입 외에 대지 주변 건축물과 지반의 훼손, 유실의 우려가 있는 부분이 있을 경우 공사에 앞서 보완하고 사진 촬영과 공사 과정 중에 주기적으로 그 사항을 기록하여 둔다.

1 진입도로 바닥 갈라짐
2 마을 아래 일부 구간 도로폭이 협소하여 5톤 장축트럭 진입 불가
(공사 이후 도로 확장됨)

※ **시방서** : 도면이나 내역서에 표시할 수 없는 자재의 규격, 등급, 품질 등과 시공 방법, 시공 정밀도 등을 공종별로 설명한 공사 시공의 기본이 되는 설계 도서로 설계자가 작성한다.

4_ 경계점 확인을 위한 측량(경계 복원 측량)

경계복원측량은 지적공부상에 등록된 경계를 지표상(토지)에 복원(표시)하는 측량을 말한다. 건물을 짓고자 할 때 또는 토지에 대한 정확한 경계를 알고자 할 때 국토정보공사에 신청하는 측량이다. 공사 착수 전에 하기도 하지만 가능한 설계 초기 단계에 실시하여 현장 내 지적경계점이 확인된 상태에서 설계작업이 되도록 한다. 또한 측량을 하기 전 경계로 인한 이웃과의 공사과정에 분쟁의 가능성이 있는지 검토하여 필요하다고 판단되면 인접 토지주에게 측량 예정을 알려 입회 하에 실시하는 것이 좋다.

1 측량 경계점 확인 작업
2 측량 후에는 경계표시 말뚝을 사용승인 때까지 유지될 수 있는 별도의 말뚝을 박아 표시하여 유지시키며, 이동의 우려가 없는 주변 구조물 등에 측량기점과의 거리를 도면 등에 표기하고 사진 촬영을 하여 기록하여 두는 것이 좋다.

국토정보공사의 경계복원 측량

1 측량 실시
2 부지 주변의 지적도 근점 (기준점)으로부터 측량 신청 위치로 기점을 잡아 오는 과정
3 대지 내 경계점 표시

※ **측량 평면위치의 기준** : 국립지리원 수원청사
　표고의 기준 : 인천만의 평균해수면 위치- 인천남구 용현동 253(인하대학교 구내)

5_ 시공계획 수립

시공자는 공사를 수행함에 있어 사전에 설계도면 및 내역서 시방서 등 관련 설계 도서를 종합적으로 검토하여 보완 시공될 수 있도록 하며, 공사 여건을 고려한 공사 예정 공정표를 작성하여 공사가 원활하게 진행되도록 한다. 또한 설계도면(BAG. DWG)을 검토한 후 필요할 경우 공사용 도면(SHOP. DWG)을 추가로 작성하여, 보다 완성도 있는 공사가 이루어지도록 한다. 특히 동절기에 물공사, 우기 시의 외부공사, 수목을 식재하기에 적합한 시기 등 시공되는 재료의 특성을 파악하여 시공함으로써 공사 품질이 확보되도록 한다. 가능한 시공의 모든 과정은 빠짐없이 사진 촬영과 도면에 기록하여 향후 건축물 유지 관리에 문제가 없도록 한다.

공사 예정표

구 분	세 부 사 항	03월 3주	03월 4주	04월 1주	04월 2주	04월 3주	04월 4주	04월 5주	05월 1주	05월 2주
		수목금토일 19 20 21 22 23	월화수목금토일 24 25 26 27 28 29 30	월화수목금토일 31 1 2 3 4 5 6	월화수목금토일 7 8 9 10 11 12 13	월화수목금토일 14 15 16 17 18 19 20	월화수목금토일 21 22 23 24 25 26 27	월화수목금토일 28 29 30 31 1 2 3	월화수목금토일 4 5 6 7 8 9 10	월화수목금 11 12 13 14 15
PROJECT SCHEDULE		구조도면 시공도작성 전기 입선계획, 조명, 설비 배관계획 검토	楊호 시공도외, 구조검토 콘센트 스위치 위치 검토					치장벽돌 줄눈나누기도	구들장 시공도작성	
건축	1. 공통가설공사	경계복원측량 주변정리, 폐기물처리								
	2. 가설공사		가설재반입						거푸집반출	
	3. 토공사		터파기			되메우기및주변정리				
	4. 지정및기초공사	기준점설치								
	5. 콘크리트공사	업체선정	버림, 기초콘크리트	1층 콘크리트공사		옹벽거푸집 해체	지붕거푸집설치	지붕 콘크리트타설	지붕거푸집해체	
	6. 벽돌공사				벽돌 선정협의(샘플시공)		욕실 시멘트벽돌쌓기		벽	
	7. 석공사									
	8. 타일공사									
	9. 목공사								벽,천장 톨	
	10. 방수공사								지붕,캐노피	
	11. 지붕및홈통공사						기와 재료검토			
	12. 금속공사								박공 원형장식판 디자인	
	13. 미장공사								콘크리트 곰	
	14. 온돌공사						구들 개자리주변 미장작업			
	15. 창호및유리공사								AL창호, 루버셔트	
	16. 칠공사									
	17. 수장공사									
	18. 조경공사									
	19. 단열공사			단열재단가조사, 발주	외벽단열재설치		지붕 단열재설치			
	20. 부대토목공사									
	21. 신.재생에너지 (지열)				지열공사협의- 위치.일정등…					
	22. 지하수공사								지하수업체	
	23. 가구공사									
전기, 설비	24. 전기공사 (통신, 전기소방)	가설전기 신청, 설치		천장입선작업	콘센트,스위치입선					
	25. 설비공사	가설용수	우.오수관 slab배관 1층바닥배관		통기관설치				급수.배수관.각방온도조절기	난방
기타 공사									내부 타이핀제거	

64   Part 4_ 공사

	06 월				07 월					08 월	비 고
	1주	2주	3주	4주	1주	2주	3주	4주	5주	1주	총 공사소요일 [150 일]
토일월화수목금토일	월화수목금토일	월화수목금토일	월화수목금토일	월화수목금토일	월화수목금토일	월화수목금토일	월화수목금토일	월화수목금토일	월화수목금토	일월화수목금	
30 1 2 3 4 5 6 7	8 9 10 11 12 13 14	15 16 17 18 19 20 21	22 23 24 25 26 27 28	29 30 1 2 3 4 5	6 7 8 9 10 11 12 13	14 15 16 17 18 19 20	21 22 23 24 25 26 27	28 29 30 31 1 2 3	4 5 6 7		

타일공사 줄눈나누기도 　대리석 시공도작성 　조경계획도 작성

입주청소

비계해체,반출

대지정리작업

수재도포

거실 대리석 시공 　화강석 재료발주 　외부화강석시공

타일재료선정 　타일시공

루바설치　사랑방 목공사 　사랑방 목재지목,서까래,외부 목공사 　한식창호설치

담수

외부기초 면처리,방수

공사　홈통공사

처미주변 후레싱외.

사랑방 벽, 천장 황토바르기

장 보완

발주　내부루버셔터발주 　창 FRAME 　유리설치

처마 ALL퍼티,도장작업　석고보드 퍼티작업　석고보드면 참숯바르기　한옥 목재면 락카칠

마루, 벽지선정 　벽지시공　마루시공

조경공사

보완

외부 우,오수 배관공사

지열천공

지하수천공

가구업체선정 　디자인협의 　가구발주 　가구설치

선작업　전기입선보완작업 　조명기구선정 　3상전기변경공사-지열 　조명기구설치

사랑방,욕실, 난방관 미시공 부분설치 　위생기구선정 　위생기구설치

사용승인제출

사용승인도서작성

제2장
가설공사

공사를 위한 기본적인 준비가 완료되면 가설공사가 시작된다.
가설공사는 본 공사 수행의 수단으로 일시적, 보조적으로 행하여지는 공사로써 공통가설,
직접 가설공사로 구분된다. 가설공사는 현장 주변의 상황, 공사의 규모와 내용에 따라
달라지며, 그 계획과 기술자의 숙련도에 따라 작업의 능률에 영향을 줄 수 있으므로 충분히
검토해서 진행한다.

공통 가설공사
공사 전반에 걸쳐 공통으로 진행되는 공사
❶ 가설건물 : 사무실, 화장실, 작업창고, 울타리 등
❷ 가설토목 : 세륜시설, 야적장 등
❸ 공사용 동력 및 통신설비
❹ 공사용수
❺ 조사 및 시험비
❻ 운반비
❼ 인접 건물 보양 및 보수, 안내간판 등

직접 가설공사
건물을 이루기 위한 직접적인 가설공사
❶ 대지측량 : 경계복원 측량(설계 초기 단계 또는
　착공 전), 공사 완료 후(현황측량)
❷ 규준틀 : 수직, 수평규준틀
❸ 비계 : 외줄비계, 쌍줄비계, 틀비계, 달비계,
　수평비계, 말비계, 시스템비계, 동바리, 작업발판,
　낙하물 방지망, 비계다리, 분진망
❹ 먹 매김
❺ 건축물 보양
❻ 폐기물 처리
❼ 준공청소

1_ 공통 가설공사

1. 가설 울타리
공사장 경계 부근으로 가설울타리를 설치한다(도난 및 재해, 민원 방지, 미관 유지 목적).

가설 울타리 종류
① 위장막, 방진막
② E.G.I휀스(전기아연도금강판, 폭 0.54m / 높이 1.5~3m) : 소규모 건축물에 주로 사용
③ RPP 방음휀스(Recycling Plastic Panel, 폭 0.5m / 높이 2~6m)

일반적으로 소형 건축물은 사람의 신장을 고려하여 강판(EGI) 등으로 울타리를 설치하지만
차량 통행이 많은 시가지 또는 민원 소지가 있는 곳에서는 2~6m의 방음(RPP) 울타리를
설치한다.

1 강판 휀스(EGI)
2 방음 휀스(RPP)

2. 가설전기 인입공사
대지 내에 전기시설이 없는 경우 공사를 위한 임시전기를
한국전력에 신청한다.

① 가설전기 신청(전기 공사업체)
전기사용신청서, 건축허가필증 사본, 신청자 신분증 앞,
뒷면 사본, 소유자 통장사본, 보증금(약 200,000원-
공사완료 후 환불) 등이 필요하다.
가설전기 신청이 완료되면 공사용 분전함을 공사장
인근에 설치한다.
분전함은 비, 바람에서 보호가 되도록 하며, 외부의
접근이 차단될 수 있는 곳에 설치한다. 또한 건축물의
규모가 크고 공사장 위치에 따른 안전 및 방범을
고려하여 필요할 경우 옥외 보안등을 설치한다.

현장 가설전기 인입

② 본 전기 신청
공사 완료 시점에 예상 전력량을 관계자와 협의하여 신청한다.

시설분담금(한전불입금) 전기사용량 기본 5kw 신청 시
· 가공공사 : 242,000원, 추가전력 신청 시 1kw당 94,600원 발생
· 지중 공사 : 463,100원, 추가전력 신청 시 1kw당 107,800원 발생

전기공사 전체 과정
1 가설전기 신청 ▶ 2 공사용 분전함 및 접지공사(전기업체) ▶ 3 공사 ▶ 4 공사 완료 후 전기 안전 점검(전기 안전공사) ▶
5 안전점검 확인 후 신고서 제출(안전공사 -> 한전) ▶ 6 계량기 설치(한전) - 처리 예정일 7일 예상

※ **가공** : 대지 주변 전주에서 공중으로 건축물 외벽에 설치된 와이어캡에 전선을 지지하여 건축물 내 인입 전선과 연결, 계량기를 거쳐 분전함에 전력 공급
　지중 : 지중으로 전선배관을 매립하여 맨홀을 통해 건축물 내 계량기를 거쳐 분전함에 전력 공급

2_ 직접 가설공사

1. 기준점 및 규준틀

① 기준점(Bench Mark : B.M)

건축물의 기준이 되는 위치를 정하는 기준점을 말하며 공사 착수와 동시에 설정하여 공사를 종료할 때까지 유지시킨다.

· 이동의 염려가 없는 곳에 설치
  (예 : 인근의 담장 등)
· 현장 어디서나 바라보기 좋고 공사에 지장이 없는 곳에 설치
· 공사 규모가 큰 현장은 최소 두 개소 이상 설치
· 마땅한 장소가 없을 경우 기준이 될 수 있는 곳에 별도의 시설을 설치한다.

② 줄 띄우기

③ 규준틀

· 수평규준틀과 수직규준틀이 있다.

㉠ 수평규준틀 : 가설공사에서 건축물의 위치 등을 결정하기 위한 가설물로 평규준틀과 귀규준틀이 있다. 터파기 휴식각을 고려하여 설치하며, 설치 후 변형을 대비하여 보조점을 추가로 설치한다.
설치 시기는 건물 배치를 위해 임시규준틀을 설치하고 터파기 완료 후 본 규준틀을 재설치한다. 규준틀에 설치하는 말뚝은 6cm 각재 또는 지름 12cm 통나무 등을 엇빗자르기를 하여 사용한다.

1 기준점(Bench Mark) 설치
2 건물 중심점을 정하기 위한 트랜싯 장비를 이용한 규준틀 작업

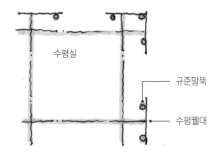

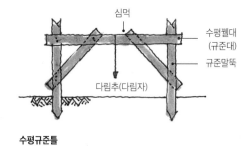

수평규준틀

4 줄 띄우기 : 규준틀 설치 후 석회로 선을 그어 기초 터파기 작업을 위한 임시 기준선 표시

· 귀규준틀 : 벽 외곽 모서리 또는 기둥에 의해 돌출되는 부분에 설치
· 평규준틀 : 외벽 모서리 부분을 제외한 내부 벽체 위치에 설치

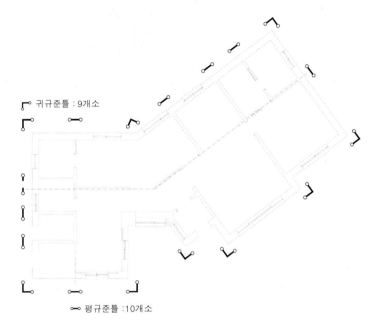

귀규준틀 : 9개소

평규준틀 : 10개소

ⓒ 수직규준틀

· 벽돌, 블록, 돌쌓기 등의 고저 및 수직면의 기준을 삼고자 할 때 설치하며 창문의 위치, 벽돌쌓기 단수 등을 표시한다.

※ **측량기구 및 용어**
· 트랜싯(미국), 데오도라이트(유럽) : 수평각과 연직각을 측정하는 측량 기계
· 광파거리측정기(광파기) : 측정하고자 하는 지점에 반사경을 설치하고 송신된 빔의 반사파를 이용하여 거리를 측정하는 측량 기계
· 레벨기 : 고저를 측정할 때 사용
· 좌표 : 어느 지점의 경도와 위도를 나타내는 것을 말하며, 수치지역인 경우 대지경계점은 표로만 표시된다.
· G.L(Ground Level - 지반고) : 건축에서 GL은 토목공사에서 F.L(Final Level)과 같다.
· F.L (Final Level - 바닥고, 층고) : 건축에서 FL은 건축물의 각층 바닥 마감선을 나타낸다.
· E.L(Elevation Level) : 건축에서 EL은 입면도의 각층 바닥 마감선을 나타낸다.
· S.L(Structure Level) : 구조 바닥선

트랜싯

2. 비계

비계는 외부 공사를 위해 설치하는 임시가설물로 사람이나 장비, 자재 등을 올려 공중에서 작업할 수 있도록 설치한 가설물을 말한다.

① 구조형상별 분류

· 외줄비계 : 한줄기둥을 세우고 장선의 한 끝은 벽체에 걸쳐 발판을 까는 형태이며, 최근에는 거의 사용되지 않는다.

· 쌍줄비계(강관비계) : 48.6 × 2.3t의 강관을 G클램프에 의해 수평수직을 연결하여 세우며 그 위에 장선을 설치하고 발판을 놓는 형태이며, 시스템비계에 비해 비용이 적게 들며, 주로 소형건축물에서 사용되고 있다.

· 시스템비계 : 공장에서 표준화로 제작되어 현장에서 조립하는 것으로 안정성이 높아 하중을 많이 받는 구조물 사용에 적합하며, 조립 해체가 용이하나 비용이 높다.

· 수평비계 : 내부 층고가 높아 중간에 수평으로 비계를 설치하고 합판을 깔아 작업하는 형태이다.

· 말비계 : 건축물의 천장과 벽면의 실내 마무리 공사를 위해 사용되는 비계를 말하며, 내부비계라고도 한다.

· 강관틀비계 : 강관틀비계는 강관 등의 각종 부재를 조립하여 사용하는 틀 구조로서 필요에 따라 사람이 닿지 않는 곳의 작업을 위해 사용한다.

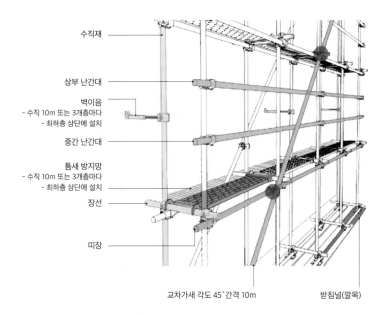

수직재
상부 난간대
벽이음
- 수직 10m 또는 3개층마다
- 최하층 상단에 설치
중간 난간대
틈새 방지망
- 수직 10m 또는 3개층마다
- 최하층 상단에 설치
장선
띠장

교차가새 각도 45˚간격 10m   받침널(깔목)

5 비계 임대를 위해 업체를 방문하여 가능한 변형이 없는 재료가 반입되도록 한다.

6 강관파이프는 1~6m까지 있으며, 거푸집 고정과 비계 설치에 사용. 철재 작업 발판(폭 250, 400, 500mm x 길이 1,829mm) 구멍 뚫린 아연도금 강판 사용

7 각파이프(2~4m) 슬래브 합판 거푸집 설치용

8 강관 연결핀

9 클램프(자동, 고정용)

10 말비계

3. 동바리

① **동바리** - 타설된 콘크리트가 소정의 강도를 얻기까지
고정하중 및 시공하중 등을 지지하기 위하여 설치하는
가설재를 말한다. 강재 파이프와 시스템 동바리가 있는데
소규모 건축물의 경우 주로 강재 파이프가 사용되며, 영어로는
서포트(support)라고 한다.

· 동바리 종류
V1(1.8M~3.3M), V2(2.0M~3.5M), V3(2.4M~3.9M),
V4(2.7M~4.2M)
V5(3.0M~5.0M), V6(4.0M~6.0M)

② **가새**
가새는 사각형으로 짠 동바리나 비계의 변형을 막기 위해 대각선
방향으로 빗댄 봉이나 막대를 말한다.

③ **비계다리**
건축물 외부에서 경사를 오르내리며 공사할 수 있도록 연결한
계단을 말하며, 면적 1600m2(폭 : 90cm 이상)마다 설치하도록
하고 있다.

강관틀비계(BT비계)

11 재료 반입
12 동바리 설치
13 가새 설치

※ **가설재 반입**
가설재 반입 시에는 수량 파악 및 사진 촬영을 하여 반출 시에 비교할 수 있도록 한다. 공사 중 여러 차례 반, 출입이 이루어지므로 운반비 부담과
자재 손실에 대한 사항도 확인한 후 계약 사항에 명확히 한다. 관련한 세부적인 내용이 부정확할 때에는 업체와 분쟁을 겪을 수 있기 때문이다.
또한 공사 중 현장 가공재를 고려하여 업체에 파손된 가설재를 일부 제공받아 사용하는 것도 방법이다.

- 가설구조물의 구조적 안정성 확인(건설기술진흥법 시행령 제101조)에 따라, 시스템 비계 등의 가설자재 사용에 대한 규정을 정하고 있다.

제3장

토공사

현장 내 울타리, 전기, 수도 등의 공사를 위한 기본적인 가설공사가 완료되면 본 공사를
위한 대지 정지 작업을 시작한다.
건축지 내에 있는 암석, 수목, 기타 쓰레기 등을 제거하고 설계 내용에 따라 절토와 성토 등
건축을 위한 기본적인 터 고르기를 한다.

1_ 지반조사

건축물을 건축할 때 가장 중요한 부분 중 하나가 대지가 건물을 잘 받치고 있을 수 있는지에 대한
검토이다. 연약한 지반에 지어진 건축물은 시간이 지나면서 압밀침하 현상 등이 발생되거나 심할
경우 지반이 파괴되어 건축물이 기울거나 하는 등의 큰 문제가 발생될 수 있다. 따라서 사전에 대상
지반의 지층 분포, 토질, 암석 및 암반 등 지반의 성질을 파악하여 대지가 건축물의 하중을 지지할
수 있는지에 대한 시험을 하는데, 이를 지내력 시험이라고 한다. 이러한 과정을 통해 적절한 지반
보강공법을 적용하여 합리적이고 경제적으로 건축물이 지어질 수 있도록 하는데 필요한 과정이다.

* 지내력은 지반이 건축물의 하중을 지지할 수 있는 최대하중인 극한지지력과 여기에 안전율을 적용한 허용지지력에 침하될 수
  있는 정도의 한도를 고려한 것을 허용지내력이라고 한다.

지반조사 내용
· 과거 또는 현재의 지층 표면의 변천 상황(경사지, 우물, 연못, 하천, 습지 등)
· 각 지층의 구성 토질, 각 지층의 깊이, 지내력
· 지하수 용수량, 상수면 위치, 지하 유수 방향

1. 시험파기
지반에 구덩이를 파보는 형태의 조사이며, 중량이 비교적 적은 건물 또는 지층이 단단할 때 실시하는
방법이다. 지름 2m, 깊이 2~3m 공간에 장비를 동원하여 우물을 파듯이 파보는 것이다. 추가적인
조사의 필요성이 있을 때는 파낸 지반면에서 지내력시험을 실시한다.

2. 짚어보기
끝을 뾰족하게 한 지름 2.5~4cm 정도의 쇠막대를 인력으로 지중에 꽂아 손짐작으로 굳은 지층의
위치, 지내력 등을 추정하는 방법이다. 이것은 상부 지층이 무르고 굳은 층이 비교적 얕게 있을 때
이용되며, 이 방법은 예비조사에 지나지 않으므로 중요한 공사에는 적용할 수 없다.

1 지반조사(시험파기)
2 짚어보기 : 철근을 이용 망치로 박아 지내력 추정

3. 보링(Boring)

보링은 지중을 천공하여 지중의 시료를 채취하여 흙의 역학적 성질을 규명, 기초 구조를 설계하기 위해 실시한다.
건물의 규모와 형태에 따라 개소를 정하는데 최소 두 개소 이상 실시하도록 한다.

4. 지내력시험

상부구조물의 하중을 지지하는 능력. 즉 구조물의 수직하중에 저항하는 지반 또는 말뚝의 지지력을 시험하는
것으로 재하시험이라고도 하며, 일반적으로 평판재하시험과 말뚝재하시험 등이 있다.

① 평판재하시험

평판재하시험은 실제 기초를 설치할 위치에 30~75㎝의 재하판을 깔아 직접적으로 하중을 가하여 하중과 침하량의
관계에서 지반에 지지력을 측정하기 위해 실시하는 원위치시험이며, 예정 부지의 기초 지반 지지력을 측정하여
설치될 건축물의 안전성 검토를 위한 지내력시험이다.

안전율은 3을 적용하며 설계하중은 각 단계별로 침하량은 1, 3, 5,
10분 간격으로 읽으며, 침하량 1/100㎜의 침하가 없으면 다음 단계로
넘어가 측정한다.

※ 평판재하시험은 실제 구조물의 하중 영향권 안에 강도가 작은 지반이 포함되어 있는 경우에는 적절한 시험이라 할 수 없다.

초기하중은 35 KN / m²이며, 재하판 설치 전 표준사를 3㎝ 두께로 깔아 지면에 공극이 없도록 한다.

지내력시험 : 설계하중 - (150 KN / m²), 극한하중, 최종허용지지력(169 KN / m²) = 만족

② 말뚝시험

규모가 큰 건축물이나 지반이 연약하여 구조물 기초 위치에 파일을 박아 구조물의 하중이 기초와 파일에서 지탱되도록 하기 위해 기초공사 전 설치하며, 일반건축물의 경우 속빈 콘크리트 파일(고강도 프리텐션 콘크리트 파일 [P.H.C]), 교각의 경우에는 강관 파일이 주로 사용된다. 사용 예정인 말뚝에 대해 실제로 사용되는 상태 또는 이것에 가까운 상태의 직접적 지내력 판정의 자료를 얻는 시험으로 정재하시험과 동재하시험이 있다.

㉠ 정재하시험

완속재하시험법과 급속재하시험법이 있으며, 최근 실시하는 정재하시험의 대부분이 급속재하시험법이다.
말뚝머리에 재하장치를 설치하고 콘크리트 구조물 또는 강괴 등을 재하장치 위에 올려 설계하중의 2~2.25 (LH공사 기준)배의 하중을 시험 말뚝머리에 가해 말뚝의 인발저항 또는 앵커의 인발력을 이용하여 말뚝의 지지력을 확인하는 시험이다. 동재하시험에 비해 직관적이며, 시간은 완속재하시험 1~2일, 급속재하시험 2~4시간이 걸리며 비용은 동재하시험에 비해 높다.

1 시험 말뚝의 재하판 설치면을 정리하고 재하 받침대를 설치한다.   **2** 주변 말뚝에 원판을 설치하고, 500Ton의 실린더와 사각판을 설치한다.
3 사각판 위에 재하대를 설치한다.   **4** 재하대와 원판을 강봉으로 체결한다.   **5** 측정장치(LVDT)를 설치하고, 유압펌프와 실린더를 연결한다.
6 단계별로 하중을 가하면서 매시간 측정하면서 시험을 실시한다.

ⓛ 동재하시험

건축공사장에서 일반적으로 사용하는 방법이다. 파일 윗부분에 변형률계와 가속도계를 부착하고 말뚝머리에 타격력을 가함으로써 발생하는 응력파를 분석하여 지지력을 측정한다. 1회당 시험은 약 1시간 정도 소요되며, 시험기준은 전체 말뚝 갯수의 1%(말뚝이 100개 미만인 경우에도 1회), 초기 항타, 재 항타 각각 1회 실시하도록 하고 있다.

  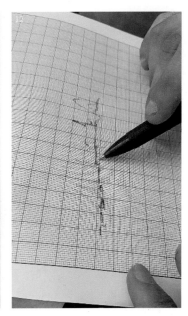

1 파일은 설계지지층까지 관입시킨 후 동재시험을 위한 최종 항타를 한다.

2·3·4 2개의 가속도계(Accelerometer)와 변형률계(Straintranducer)를 말뚝 상단(2.D~3D하부)에 설치한다.

5·6·7·8 센서는 해머 타격 시 발생할 수 있는 편심 타격을 상쇄시키기 위해 앵커볼트를 대칭(180도)으로 말뚝 상단에 설치하고, 이들 센서를 말뚝 진단시험기(FPDS-4)에 연결한다.

9·10·11 타격 중 기초바닥 밑면에서 15~30㎝ 위치에서 중단하며, 수평방향 오차는 10cm 이내가 되도록 한다. 5회 타격에 총관입량이 6mm 이하인 경우 거부된 것으로 보며, 이때는 시험을 종료한다.

12 항타와 동시에 말뚝에 전달되는 가속도계와 변형률계, 신호조정기에 의해 아날로그에서 디지털 신호로 전환되며, 힘 속도 변위 에너지 등으로 해석되어 항타분석기에 그래프로 저장된다.

ⓒ 치환공법

소형 건축물에 있어 지반 보강을 위해 치환공법을 적용하기도 한다. 굴착기로 연약층을 굴착한 후 자갈과 굵은 모래(백토) 등을 밀실하게 채우고 다짐하여 지내력을 확보하는 방법인데, 치환층이 얇을 경우 효과적일 수 있다.

※ **부동침하** : 건축물의 기초 위치에 따라 다른 양의 침하가 되는 것을 말한다. 이로 인한 건축물의 기초 주변이 침하가 발생하여 벽에 균열이 발생하는 등의 문제로까지 이어진다. 심하게는 건물이 기울어지는 형태로까지 진행될 수 있어 사전에 지반조사를 정확히 하여 그에 따른 지반의 안전성이 확보될 수 있는 설계와 시공이 되도록 한다.

부동침하 원인
· 연약층 : 연약층의 두께가 상이한 경우
· 이질지층(이질지반)
· 무리한 일부 증축
· 지하수위 변경
· 경사지 근접 시공
· 이질 지정 및 일부 지정
· 경사지 근접 시공
· 인접 건축물에 근접 시공

건물이 직사각형인 경우

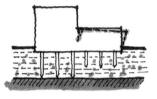
건물의 기초 지정이
부분적으로 다른 경우

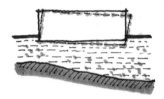
압밀층의 두께가 다른 경우

부동침하 대책
· 연약지반 개량
· 기초 바닥을 경질 지반에 지지
· 건물 전체 중량이 균형 있도록 설계
· 이질 지반이 분포된 경우 복합기초를 사용하여 지지력 확보 등

2_ 터파기

1. 기초파기
기초를 축조하기 위하여 지반을 파내는 것을 말하며, 설계도에 따라 기초의
너비와 깊이를 수평틀에서 재어 정확하게 소요 깊이까지 파낸다.

경사파기(휴식각)
흙입자간의 응집력, 부착력을 무시할 때, 즉 마찰력만으로 중력에 대하여
정지하는 흙의 사면 각도를 말하며, 경사각은 휴식각의 두 배이다.

① 구덩이파기
기둥 밑에만 하는 기초로 독립기초, 동바리기초 등에 쓰인다.

② 줄파기
벽 밑 등의 도랑 모양으로 길게 파는 것으로서 줄기초 등에 쓰인다.

③ 온통파기

지하층 또는 통으로 기초를 구성할 때와 같이 건축물 밑을 온통 파내는 것을 말하며,
매트기초에 적용하는 방식이다.

1 구덩이파기

2 줄파기 : 터파기에는 좌, 우 80cm 정도의 작업 여유 공간이 있도록 파낸다. 터파기 레벨을 기준 깊이보다 더 파냈을 때는 다시 되메우기와 재다짐 작업
또는 콘크리트 두께를 두껍게 만들어 구조물을 설치하여야 하므로 정확히 작업되도록 한다.
(터파기 작업 시 여유 공간이 충분치 않을 경우 경사파기 작업을 하며, 깊이가 1m 미만일 때는 휴식각을 고려하지 않는다)

3 온통파기

※ 터파기한 흙은 후속 공정인 기초콘크리트 공사 이후 되메우기와 대지 조성에 필요한 토사량 만을 남기고 반출하게 되는데, 비용 발생을 줄이기 위해
주변에 필요한 곳이 있는지 사전에 확인하여 처리하도록 한다.

제4장
지정 및 기초공사

건축물 하중을 지반에 전달하는 중요 구조 부분으로 건축물 완료 후 확인이 어렵고, 보강 및 복구가 어려워 부실 시공 시 구조물에 균열, 기울어짐 등의 영향을 줄 수 있으므로 정확함이 요구되는 공사이다.

1_ 내림기초공사

대지 조성이 성토 지반으로 기초 구조는 온통기초(매트)로 설계하였고, 동결선(0.9m) 확보와 구조 보강을
위한 내림기초가 적용되었다.

지정 및 기초공사 과정

1 터파기(지중보) ▶ 2 잡석다짐 ▶ 3 PE필름 깔기 ▶ 4 밑창콘크리트 타설 ▶ 5 먹매김(지중보) ▶ 6 내림기초 외측 거푸집 설치 ▶
7 내림기초 철근 배근 ▶ 8 내림기초 내부 거푸집 설치 ▶ 9 오수, 생활하수용배관 슬리브 설치 ▶ 10 급수관 슬리브 설치 ▶
11 내림기초 콘크리트 타설 ▶ 12 양생 ▶ 13 내림기초 내·외부 거푸집 해체 ▶ 14 기초 및 1층 바닥 정지 및 다짐 ▶ 15 잡석다짐 ▶
16 밑창콘크리트 타설 ▶ 17 철근 배근 ▶ 18 기초 및 1층 바닥 콘크리트 타설

내림기초가 설치되는 토질이 연약지반일 경우 파일 등을 박아 지반을 보강하는 다양한 시공법이 사용된다.

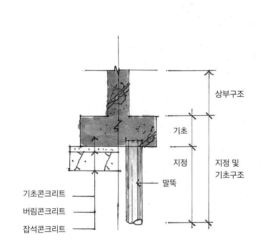

지정과 기초의 구분

1 지중보 하부 지반 보강을 위한 잡석 반입, 깬자갈 포설
후 다짐 작업

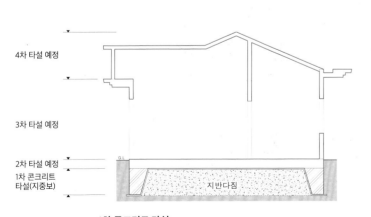

1차 콘크리트 타설

2 지중보 모서리 직각 확인

※ **동결선** : 대기온도의 영향이 미치지 않는 깊이의 하부를 동결심도 또는 동결선이라고 한다. 건축에서는 동결선 깊이를 지면으로부터 남부지방 60cm,
중부지방 90cm, 북부지방 120cm로 설정하여 건축물의 기초 저판이 해당 지역의 동결선 이하에 설치되도록 하여야 한다.

3 잡석 깔기 위 두께 60mm 밑창콘크리트 위 먹매김작업

4 지중보 주근 - 11-HD16,

5 외벽 지중보 규격(500x900) 늑근 HD13@250, 철근의 항복강도 (fy400Mpa)

6 거푸집 및 평활도 유지를 위한 강관파이프 설치

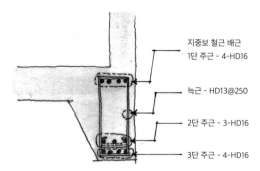

지중보 철근 배근
1단 주근 - 4-HD16

늑근 - HD13@250

2단 주근 - 3-HD16

3단 주근 - 4-HD16

기초(지중보) 철근배근도

※ 지중보 철근

· 주근 : 철근콘크리트 구조에서 주로 휨 모멘트에 의해 생기는 장력에 대하여 저항하기 위해 배치된 철근으로, 보의 경우 상부근과 하부근은 재축 방향으로 설치되며, 슬래브에서는 짧은 변 방향의 인장 철근을 말한다.

· 늑근(스터럽) : 보의 주근을 감싸고 있는 철근으로 구조부재의 전단 및 비틀림에 저항하는 철근이다.

· 스페이서 : 바탕면과 철근과의 간격 유지용으로 사용되는 것을 말하며, 흙에 묻히는 부분의 철근의 피복 두께는 80mm이다.

7 오수 및 생활하수관을 외부로 연결하기 위한 슬리브 설치

8 사랑방 기둥 철근 배근(8-HD19)

9 모든 작업이 완료되면 콘크리트 타설을 한다. 이를 위해 사전에 타설물량, 타설거리를 확인하여 적합한 펌프카를 예약하도록 하며, 작업 중 도로 이용에 문제 없도록 유의한다. 또한 콘크리트 타설 후 미장 작업이 필요한 공종(지붕)에서는 후속 작업 시간을 고려하도록 한다.

10 지중보 거푸집 해체

※ 펌프카 제원
붐대길이에 따른 펌프카 종류는 21, 26, 28, 32, 36, 43, 48, 52, 55, 62, 65, 72, 77이 있으며, 붐대와 차량과 중복되는 거리는 4m이므로 이를 제외한 거리를 계산하여 그에 맞는 펌프카를 사용하도록 한다.
레미콘(ready mixed concrete) : 현장에 콘크리트를 타설하기 위해 재료를 배합하여 차량에 실려 있는 것을 말한다.

2_ 기초 및 1층 바닥 지정공사

바닥콘크리트를 지지하기 위해 그 아래에 설치하는 잡석 또는 말뚝 등의 부분을 말한다.

1 내림기초 주변 되메우기 및 다짐작업 : 잡석깔기 전 굴삭기를 이용. 굴삭기로 다짐작업이 어려운 모서리 부분은 진동로라를 이용하여 다짐하였다.

2 지반 다짐작업 후 잡석을 깔고 다시 다짐 작업한다. 잡석은 경질이고 알맞은 크기의 것을 쓴다(잡석 두께 250mm). 잡석다짐을 하는 이유는 콘크리트 두께 절약, 기초 바닥판의 배수 방습 효과, 콘크리트가 흙과 섞이지 않게 하기 위함으로 가장자리부터 중앙부로 다진다.

3 PE필름깔기(두께 0.2mm) : 잡석다짐 후에는 PE필름을 깐다. PE필름은 지면을 통해 올라오는 습기를 차단하여 바닥 콘크리트를 보호하기 위함이다. 작업 중 PE필름이 손상되지 않도록 주의한다(흙 위에 바로 콘크리트를 타설할 경우 흙이 콘크리트에 포함된 수분을 흡수해서 수분 부족으로 콘크리트 강도를 저하시키므로 PE필름을 생략할 경우에는 바닥에 충분히 물을 뿌린 후 콘크리트가 양생되기 전 콘크리트 내의 수분이 토사에 흡수되지 않도록 한다).

4 PE필름을 설치한 후 밑창(버림)콘크리트를 타설한다.
밑창콘크리트는 후속 공정을 위한 먹매김, 거푸집 설치, 철근 배근,
바깥방수 등의 작업에 용이하게 하기 위한 목적으로 시공하는
공정이다.

5 타설작업 완료 후 지중보 주변 되메우기 : 대지 공간의 여유가
있어 굴삭기의 버킷을 사용하여 콘크리트 타설과 되메우기 작업을
한꺼번에 완료한다.
밑창콘크리트 두께 60mm 배합비 - 25mm-18Mpa-
120mm(구조용이 아니기 때문에 낮은 강도의 콘크리트 사용)

6 콘크리트 납품서

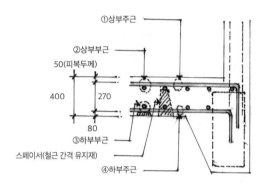

①, ④ 주근 - HD16@250
②, ③ 부근 - HD16@250

기초 및 1층 바닥 철근배근도

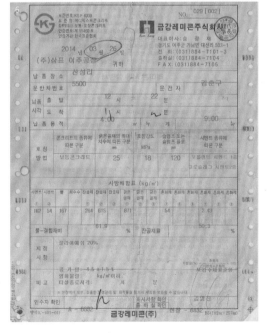

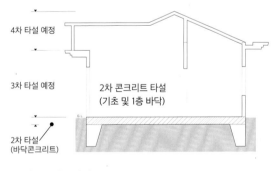

2차 콘크리트 타설

※ 백호우, 굴삭기, 포크레인 모두 같은 의미이며, 버킷 용량에 따라 015, 02, 06, 08, 10으로 불린다. 03w, 06w 등의 w는 타이어가 달린 굴삭기 장비를 말함
※ 기초의 분류
· 독립기초 : 단일 기둥을 기초판이 지지하는 형태
· 복합기초 : 2개 이상의 기둥을 한 기초판이 지지하는 형태
· 연속기초(줄기초) : 연속된 기초판이 벽, 기둥을 지지
· 온통기초(매트기초) : 건축물 하부 전체를 기초판으로 한 것

3_ 기초 및 1층 바닥 콘크리트공사

상부 구조물의 응력(하중)을 지반에 전달시키기 위한 건축물 하부의 구조 부분이다.

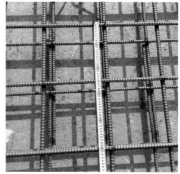

1 기초 및 1층 바닥(매트기초) 철근 배근 작업
2 바닥철근 배근 검측, 주근상, 하 HD16@250
3 옹벽철근 정착 길이 확보(15D 또는 300mm 이상)
4 1층 바닥 전기배관공사

전기공사 시공과정

1 건축 기초공사 중 전기접지공사 ▶ 2 1층 바닥 철근 배근 후 전기·통신 콘센트 등 배관 작업 ▶
3 1층 벽체 철근 배근 후 전기·통신 배관 및 박스 설치 ▶ 4 지붕 철근 배근 후 천장 조명 라인 배관 설치 ▶
5 거푸집 해체 후 전기·통신 배선 작업 ▶ 6 내부 마감공사 후(바닥마루 깔기 후) 조명 및 각종 기구류 설치

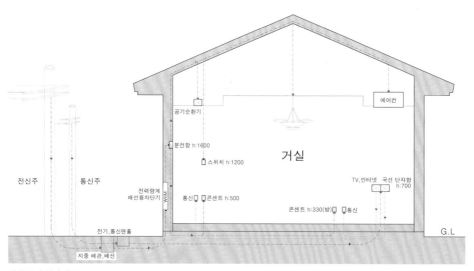

전기, 통신 설비 계통도

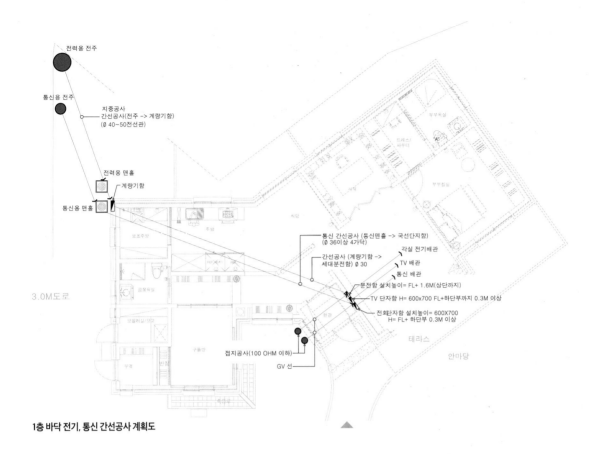

1층 바닥 전기, 통신 간선공사 계획도

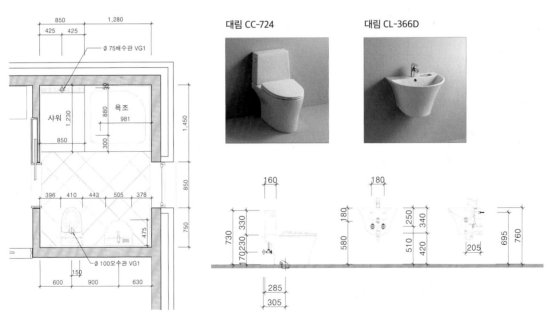

대림 CC-724

대림 CL-366D

부부욕실 위생기구 설치계획도

콘크리트 타설 전 욕실, 보조주방 등의 수전 및 위생기구가 설치되는 공간의 매립 배관 설치는 미리 타일 규격을 정한 타일 줄눈나누기 도면을 작성. 그에 따른 기구류가 설치되도록 슬리브를 선시공한다.

5 주방, 보조주방, 욕실 설비 배관 작업 :
생활하수관- Ø75, 욕실- 오수용 Ø100
VG1 설치(콘크리트 타설 시 배관 변형이
없도록 경사도 및 고정 상태 확인)

6 지중보 : 외부로 연결된 배수관, 수도관

7 콘트리트 기초 타설 시 거푸집 평활도
유지를 위한 용접작업 : 콘크리트 공사에
있어 수직, 수평의 평활도 확보는 이후
마감공사의 품질관리와 비용 투입에 있어
매우 중요한 부분이다.

8 기초 및 1층 바닥 철근배근, 설비 슬리브,
전기 공배관 작업 완료

설비공사 시공과정

1 가설용수 신청
▼
2 기초 및 1층 바닥 철근 배근 후 급, 배수배관 슬리브 작업
▼
3 1층 벽체 철근 배근 후 통기관 설치(외벽 통기관의 경우 선 슬리브 설치, 덕트배관의 경우에는 골조공사 후 작업)
▼
4 골조공사 완료 후 급수(수압테스트-3kg/㎠) 및 배수(누수 육안 확인) 배관 작업
▼
5 기포콘크리트 후 난방관(수압테스트-3kg/㎠) 설치
▼
6 내부 타일공사 후 위생기구 설치·외부 급, 배수 및 우수배관 연결공사

※ 바닥철근
· 주근 : 짧은 변 방향 인장철근
· 부근 : 배력근이라고도 하며, 콘크리트의 건조로 인한 수축이나 온도의 변화 등에 의한 콘크리트의 균열을 방지하기 위해 주근 철근에
  직각 방향으로 설치되는 철근

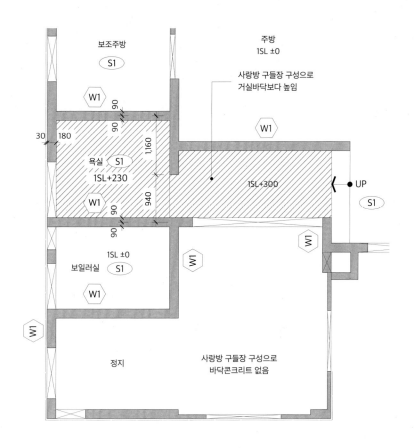

보조주방
S1
W1

주방
1SL ±0

사랑방 구들장 구성으로
거실바닥보다 높임

W1

30 180

욕실 S1
1SL+230

1SL+300

1,160

940

90

90

90

UP

S1

W1

보일러실 S1
1SL ±0

W1

W1

W1

정지

사랑방 구들장 구성으로
바닥콘크리트 없음

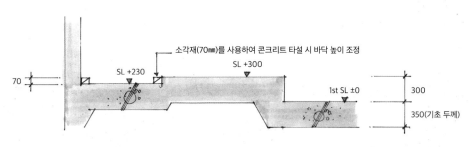

소각재(70mm)를 사용하여 콘크리트 타설 시 바닥 높이 조정

70

SL +230

SL +300

1st SL ±0

300

350(기초 두께)

사랑방, 욕실 바닥 구조 시공도

※ 콘크리트 타설 중 우천 예상 시

콘크리트 타설을 위한 작업 중 일기예보를 확인하여 작업 일정에 문제가 없도록 한다.
또한 겨울철에 거푸집을 설치한 후 내린 눈이 거푸집 속에 쌓이는 일이 없도록 한다.

· 작업 시작 전에 비가 내릴 경우(표면이 패일 정도) : 작업 연기
· 타설 중에 비가 내릴 경우(소나기가 아닌 경우) : 중단없이 타설 완료 후 보양한다.
· 타설 후에 비가 내릴 경우 : 여름에 3~5시간 지난 후에는 콘크리트 표면이 경화되기 때문에 소량의 경우 양생에 도움이 되며, 3시간 이내에
  많은 비가 내릴 경우 표면이 패여 배합된 시멘트 성분이 씻겨짐으로 비닐 또는 천막으로 보양한다.

제5장

철근 콘크리트공사

적정한 비율의 시멘트, 골재 물이 배합된 콘크리트 속에 철근을 넣어 두 재료가 경화·보강되어 외력에 저항할 수 있도록 시공하는 것을 철근 콘크리트 구조라고 한다. 콘크리트 구조는 철근이 인장을 받는데 적합한 재료이고 콘크리트는 압축력에 강한 재료이기 때문에 두 재료의 장점을 극대화한 합성 구조라고 할 수 있다. 콘크리트 공사는 전체 공사비의 약 25~35% 정도로 공사의 비중이 높으며, 구조물의 품질에 따라 후속 공사에 영향을 주기 때문에 관리가 특히 요구되는 공종이다.

콘크리트 구조의 장점은 구조물의 형상과 치수에 크게 제약을 받지 않으며 지진과 내풍에 강한 구조이다. 각 부재가 일체식이므로 구조물의 치수가 작으면서도 강성이 큰 구조물을 만들 수 있으며, 장시간 화재에 노출되어도 구조적 변형을 일으키지 않는다. 단점으로는 습식 구조로 타 구조 방식에 비해 공사에 따른 공기(공사기간)가 길며, 거푸집 등 가설물 설치로 인한 비용이 상승한다.

1_ 거푸집

거푸집은 콘크리트 구조물을 일정한 형태나 크기로 만들기 위하여 콘크리트를 타설하여 원하는 강도에 도달할 때까지 양생 및 유지하기 위한 가설재로 형틀공사라고도 한다.
거푸집 공사는 콘크리트 공사에서 차지하는 비중과 공기에 미치는 영향이 크므로 면밀한 검토를 통해 경제적으로 시공될 수 있도록 한다. 거푸집 종류로는 유로폼, 갱품, 터널폼, 워플폼 등이 있으며, 소규모 건축 현장은 일반적으로 유로폼을 주로 사용한다.

1. 유로폼

코팅합판과 특수경량강으로 만들어 튼튼하고 조립 및 해체가 간편하며 합판의 교체가 가능하여 반복 사용할 수 있다. 합판거푸집에는 박리제를 발라 해체 시 쉽게 분리되도록 한다.

2. 거푸집 및 동바리 설치

- 거푸집판은 시멘트풀 또는 모르타르가 이음부에서 새지 않도록 설치하며, 틈이 있을 경우 테이프를 부착한다.
- 옹벽 및 기둥 하부에 청소용 개구부를 2개소 설치하고 청소 완료 후 막는다.
- 바닥합판 거푸집 설치는 단부에서 중앙부로 1~2cm 치켜 올려 설치한다.
- 상부 하중을 받치기 위한 동바리 설치는 1.2m 이내로 하며, 수직으로 간격을 맞추어 균등하게 설치한다.
- 보받이용 동바리 설치가 1개일 경우 편심이 없도록 설치한다.
- 개구부 상부에 설치되는 서푸집은 처짐이 발생하지 않도록 한다.
- 콘크리트 자중에 의해 동바리의 변형이 우려되는 곳에는 수평연결대를 설치하여 보강한다.

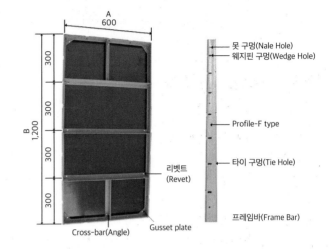

가로(A) / 세로 (B)	900mm	1,200mm	1,500mm	1,800mm
150mm	7.8kg	9.5kg	12.0kg	13.7kg
200mm	8.7kg	11.1kg	12.8kg	15.5kg
250mm	9.5kg	11.9kg	14.5kg	16.5kg
300mm	10.1kg	12.8kg	16.0kg	17.4kg
350mm	11.0kg	13.7kg	17.0kg	19.2kg
400mm	11.9kg	14.6kg	17.78kg	21.0kg
450mm	12.4kg	15.5kg	18.7kg	22.3kg
500mm	13.3kg	16.9kg	20.1kg	24.0kg
550mm	14.2kg	18.3kg	22.0kg	26.0kg
600mm	14.6kg	19.0kg	23.0kg	28.0kg

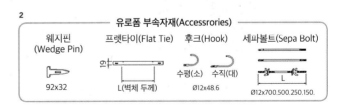

유로폼 부속자재(Accessrories)

1 거푸집(유로폼)

2 유로폼구성 부속재료 : 프렛타이 기성품(100, 120, 150, 180, 200, 230, 250, 300, 350, 400) 등이 있으며, 거푸집 설치 두께(옹벽+단열재=프렛타이 규격)가 되며, 총 거푸집 설치 두께와 프렛타이 규격이 맞지 않을 경우 별도로 제작하여 사용

① 거푸집 기타 부속재료

아웃코너 규격

A(mm)	B(mm)	L(mm)	Thickness(t)
100	100	1,200	2.3
100	150	1,200	2.3

인코너 규격

A(mm)	B(mm)	L(mm)	Thickness(t)
100	100	1,200	2.3
100	150	1,200	2.3
100	200	1,200	2.3
150	150	1,200	2.3
150	200	1,200	2.3
200	200	1,200	2.3

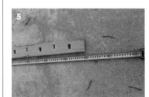

3 벽체의 모서리 안쪽 부분에 가설하는 구조물 아웃코너, 인코너

4 면목, 수절목, 콤비

5 휠라스페이스(60 x 1200)

6 구운철사 : #6(Ø4.6), #8(Ø3.6), #10(Ø3.0), 못)

7 지수판

8 철근결속선

9 철근받침용 및 스페이서
  (단열재 받침용)

10 블록형

11 옹벽용 원형스페이서

12 대각재(81x81) 현장에서 산승각 이라고도 하며, 콘크리트공사에서 주로 사용하는 각재

13 소각재(81x50), 소각재(40x50)

※ 목재

· 각재란 폭과 높이의 비율이 1:3 이내를 말한다. 그 이상은 판재로 분류하며, 규격이 14㎝ 미만의 각재는 소각재, 30㎝ 미만을 중각재, 30㎝ 이상을 대각재로 칭하고 있다.

· 소송 : 러시아산 소나무를 말하며, 목질이 부드럽고 곧기 때문에 인테리어용 목재로 주로 사용

· 미송 : 미국산 소나무를 말하며, 콘크리트공사의 목재용으로 주로 사용

· 뉴송 : 뉴질랜드산 소나무를 말하며, 외장공사에 많이 사용

· 육송 : 한국산 소나무를 말함

· 소송 > 미송 > 뉴송 > 육송 순으로 소송이 가격이 높다.

3. 종이 거푸집

1 별도 보강없이 종이로 만든 거푸집으로 콘크리트 측압을 견딜 수 있는 인장강도와 바탕면이 미려하여 노출형 기둥에 주로 적용한다.

2 종이거푸집 삽입 후 유로폼을 이용한 고정 작업

3·4 철근 배근을 위한 종이거푸집 컷팅

5 컷팅면을 전용 테이프로 주변 붙임(콘크리트를 부어 넣을 때 사이 공간으로 시멘트물이 스며들지 않도록 하기 위함)

종이거푸집 탈형 과정, 하단 지지 각목, 유로폼 해체 → 종이거푸집 하단부 원형통 컷팅 → 하부 탈형 → 상부 컷팅 후 탈형 → 탈형 완료.

2_ 철근

1. 철근의 가공 및 시공

① 철근의 이음 위치는 큰 응력을 받는 곳을 피하며, 엇갈려 잇는 것을 원칙으로 한다.

② 한곳에서 철근 수의 반 이상을 이어서는 안 된다.

③ 철근의 말단부는 반드시 갈고리(hook)를 만든다.

④ 철근과 철근의 순 간격은 굵은 골재 최대치수의 1.25배 이상, 25mm 이상 또는 공칭 지름의 1.5배 이상으로 한다.

⑤ 철근의 정착은 기둥 및 보의 중심을 지나서 구부리도록 한다.

⑥ 철근의 정착 길이는 압축 측(25d), 인장 측(40d) 이상으로 한다(부재와 위치에 따라 기준이 다름).

⑦ 29mm 이상의 철근은 겹침 이음을 하지 않는다.

철근 반입 및 검수 : 철근은 국내산, 일본산, 중국산이 주로 사용되며, 현장에는 국내산 사용

1층 콘크리트 공사 시공과정(1층 벽체 ↔ 지붕)

1 바닥 먹매김 작업 ▶ 2 외부 거푸집 설치 ▶ 3 단열재 설치 ▶ 4 벽체 철근 배근 ▶ 5 전기, 통신배관 및 기구 박스 취부 ▶ 6 내부 거푸집 설치
▶ 7 처마합판 거푸집 설치 ▶ 8 처마 철근 배근 ▶ 9 옹벽 및 처마 콘크리트 타설 ▶ 10 양생 ▶ 11 옹벽 거푸집 해체 ▶ 12 지붕합판 거푸집 설치
▶ 13 지붕 단열재 설치 ▶ 14 지붕바닥 철근 배근 ▶ 15 지붕 단열재 설치 ▶ 16 천장 전기배관 및 조명기구 박스 취부 ▶ 17 지붕 콘크리트 타설

3_ 1층 거푸집 설치 및 철근 배근

철근 품질시험

철근에 대한 품질시험은 항복강도, 인장강도, 연신율, 굽힘성, 겉모양, 치수, 무게 등의 시험을 하며, 50톤마다 철근 지름별
50cm마다 1조(3개)씩을 샘플 시험한다.

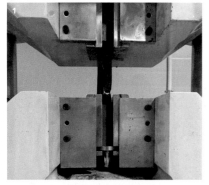
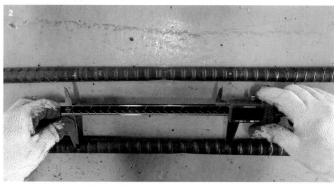

1 철근의 항복강도 인장강도 연신율
시험 과정 - (예시 SD400) 항복강도
(N/mm2) = 400~520 / 인장강도(N/
mm2) - 항복강도의 1.15배 이상 /
연신율(%) - 16 이상 18 이하)

2 시험 후 버니어캘리퍼스 자를 이용
파단된 위치 측정

3·4 굽힘시험 - 굽힘 각도(SD300,
SD400) 180도, 안쪽 반지름 D16
미만은 공칭치수의 2배

5 저울을 이용 철근의 단위 무게 측정

6 금속 성분분석기를 이용한 철근
화학 시험

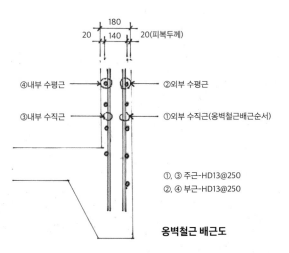

180
20 140 20(피복두께)

④내부 수평근 ──── ②외부 수평근

③내부 수직근 ──── ①외부 수직근(옹벽철근배근순서)

①, ③ 주근-HD13@250
②, ④ 부근-HD13@250

옹벽철근 배근도

7 거푸집 정리 및 먹매김(각 벽체 위치 표시)

8 바닥 수평과, 층고 높이 조정을 위한 각재(수평조절목) 및 라스망(거푸집 설치 후 옹벽에 콘크리트를 부어 넣을 때 바닥 틈새로 콘크리트가 흘러나오지 않도록 하기 위한 망이다. 현장에서는 메모도망으로도 부른다) 설치

9 외벽 거푸집(유로폼) 설치 : 거푸집을 세울 때 층고 높이에서 슬래브 두께를 제외한 높이를 계산하게 된다. 즉 옹벽 높이(바닥 콘크리트 상단 ↔ 상부 슬래브 하단)를 기준으로 거푸집을 설치하며 거푸집만으로 높이를 맞출 수 없을 경우 그에 맞는 규격의 각재를 바닥에 설치하여 바닥 수평도 맞추고 높이도 조정한다.

10 외벽 단열재 설치 : 140mm 비드법 보온판 1종 1호 · 콘크리트 타설 시 단열재와 옹벽이 일체화됨으로 단열재의 부착력이 높아지며, 거푸집 해체 후 단열재 사이에는 틈새가 없도록 단열재를 밀실하게 보완 작업이 되도록 한다.

11 단열재 설치 후 옹벽 철근 배근 검측 · 주근(수직근) HD13@250, 부근(수평근) HD13@250

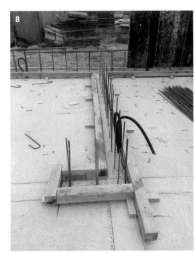

※ 단열재 종류
· 가등급 : 압출법보온판(XPS) 특호(아이소핑크-핑크색) 1호, 2호, 3호 / 비드법보온판(EPS) 2종(네오폴-회색) 1호, 2호, 3호, 4호, 경질 우레탄폼 보온판 1종, 2종
· 나등급 : 비드법보온판(EPS) 1종(스티로폼-백색) 1호, 2호, 3호
· 준불연단열재 : 단열재(가등급 1·2종, 나등급 1종 등이 있음)에 불연코팅막을 입힌 것과, PF보드 단열재가 있으며 법적 규정은 3층 이상 또는 높이 9m 이상인 건물과 1층의 전부 또는 일부를 필로티 구조의 주차장 등으로 쓰는 건축물(건축법 시행령 제61조)

12·13 벽체 모서리 부분의 철근 보강을 위한 U-bar 설치

14 개구부 주변에 사인장 응력에 의한 45도로 균열이 발생하는 것을 보완하기 위한 철근 배근

15 내측 철근 배근 후 전기 콘센트 설치

16 거푸집과 철근과의 간격 유지를 위한 스페이셔

17 거푸집 설치 후 수직, 수평 평활도를 위한 +형 보강재 설치

대지 주변 자연에는 새싹이 돋아나고 있고 왕벚나무와 백목련에도 어느덧 꽃이 활짝 피어 있다

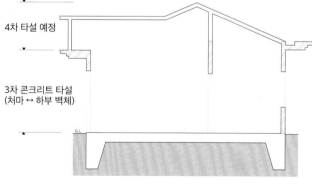

4차 타설 예정

3차 콘크리트 타설
(처마 ↔ 하부 벽체)

3차 콘크리트 타설

전기 · 통신 배관 및 배선기구 박스 설치

벽에 설치되는 전기, 통신 배관 및 기구 박스 취부 작업은 옹벽 철근 배근 완료 후 내부 거푸집 설치 전에 공사가 이루어진다.

설치 위치는 설계도면을 기준으로 현장에서 추가 보완 작업을 통해 마감공사에 문제가 없도록 한다.

기 호	명 칭	규 격	설치높이	거실 장식장
●	단로스위치	(250V-15A)	FL+ 1,200	
☺	매입콘센트	(250V-15A , 접지 2구)	FL+ 300	FL+ 550
☺	매입콘센트	(250V-15A , 접지 1구)	FL+ 300	
◢	분전함		FL+ 1,800	
▭	국선용단자함		FL+ 500	
⊢	세대통합단자함		FL+ 1,900	
▦	전화및LAN	(8P 2구용 규격품)	FL+ 300	FL+ 550
⊡	TV용유니트	(쌍방향)	FL+ 300	FL+ 550
VP	VIDEO PHONE(IN DOOR)		FL+ 1,250	

전기, 통신기구 설치계획 평면도

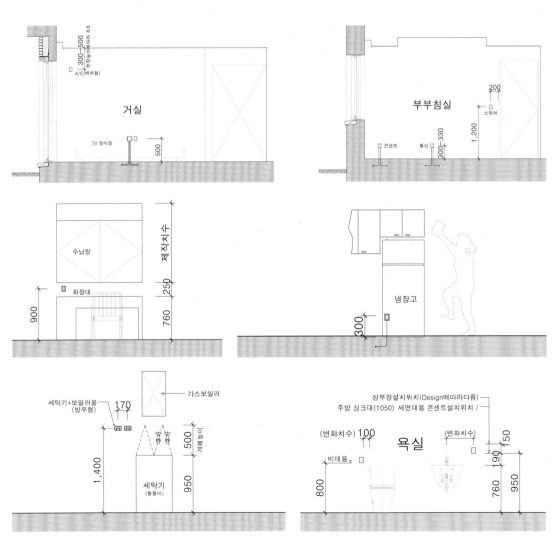

공간별 전기, 통신, 배선기구 설치계획도

18 벽 단열재 검측(두께 140mm)

19 외부 옹벽(두께 180mm)

20 벽체 수평철근(부근) 검측 D13@250

21 수직철근(주근) HD13@250

22 철근 결속 상태 양호

23 가새 설치 상태 양호

24 거푸집, 동바리 설치 상태 양호

25 작업 발판 설치 상태 양호

26 각실 전기 배관공사 중 천장 조명공사를 위해 처마 위로 배관을 노출시켜 후속공사에 문제가 없도록 한다.

27 거푸집 설치 완료, 인접지 서쪽 방향에서 본 모습

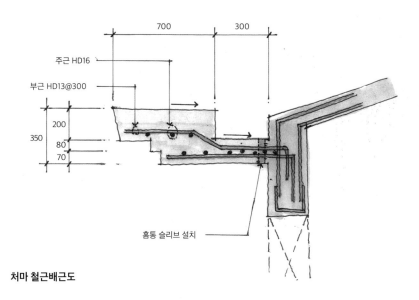

주근 HD16

부근 HD13@300

700

300

350

200

80

70

홈통 슬리브 설치

처마 철근배근도

29 평활한 처마 마감을 위한 코팅합판 반입

30 옹벽 철근 배근 작업(동, 남쪽)

32 처마 부분 옹벽 두께 검측

33 처마 철근 배근 작업 중

34 처마, 원형기둥(현관 입구) 바닥 철근 배근

35 처마 철근배근 완료 후 물청소(북쪽)

38 지붕 합판 거푸집작업 중에 주방, 욕실의 생활하수관
및 욕실의 오수관 말단부에 독립된 통기관을 연결,
대기로 개방하여 배수관 내의 배수와 공기가
교환되게 하여 배수의 흐름을 원활하게 하여야
한다(설치는 최하층 말단부 각 배관에 통기관을
연결하여 지붕에 개방)

39 1층 옹벽 콘크리트타설 - 25-24-150

통기용 벤트   방수제 첨가

통기관

※ 방수제 첨가
레미콘을 부어 넣을 때 침투방수제를 첨가하여 노출되는 처마면의 방수 능력이 증가되도록 함
· 사용방법 : 방수제 20ℓ를 레미콘트럭(6m3)에 부어 1~2분 가속 회전시킨 후 콘크리트 타설
· 특징 : 콘크리트 작업 시 워커빌리티와 콘크리트의 수밀성이 좋아져 구체방수가 이루어진다. 콘크리트 표면에 곰보 현상이 줄어들며,
　　　 동결 방지 및 여름에 조결 방지 효과와 콘크리트 강도가 증가된다.
· 주의 : 가수 금지와 양생이 지연되므로 후속 공종 확인 후 거푸집 철거가 필요하다.
· 워커빌리티 : 콘크리트를 시공하기에 적당한 반죽 질기의 정도

4_ 콘크리트 부어 넣기

콘크리트는 경화하여 28일이 지나면 최종압축강도에 도달한다. 이때까지는 시멘트의 화학작용이 계속되므로 타설면의 습기와 온도를 적절히 유지해야 하는데, 이러한 과정을 양생 또는 보양이라고 한다. 콘크리트 타설은 기온에 따라 영향을 받는데 하절기에는 하루 평균기온이 25℃를 초과하는 경우 서중콘크리트로 시공하여야 하며, 타설할 때와 타설 직후에는 콘크리트의 온도가 낮아지도록 재료의 취급, 비비기, 운반, 타설 및 양생 등에 대하여 적절한 조치를 취하여야 한다. 동절기에는 하루의 평균기온이 4℃ 이하일 때는 콘크리트가 동결의 염려가 있으므로 한중콘크리트로 시공하며, 콘크리트가 동결되지 않도록 적절한 조치를 취하여야 한다.

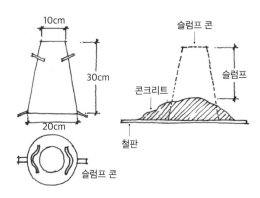

현장에서 반입된 레미콘 중에 슬럼프시험 실시

1. 콘크리트 운반 계획
· 콘크리트는 비비기 시작부터 부어넣기가 끝나는 시간은 시방서의 등급이 1종으로 외기온도가 25℃ 미만일 때는 90분, 25℃ 이상일 때는 60분으로 한다.
· 등급이 2종으로 외기온도가 25℃ 미만일 때는 120분, 25℃ 이상일 때는 90분으로 한다.

2. 콘크리트 타설
· 한 구획 내에 콘크리트는 가능한 연속으로 타설한다.
· 한 구획 내에 옹벽과 슬래브가 있을 경우 옹벽을 먼저 타설하고 충분한 다짐 후 슬래브를 타설한다.
· 콘크리트 타설 중 표면에 떠올라 고인 블리딩이 있을 경우에는 이를 제거한 후가 아니면 그 위에 콘크리트를 타설해서는 안 된다.
· 레미콘 가수는 금지한다.
· 펌프카 슈트에서 콘크리트가 낙하되는 거리는 60cm 이내에서 타설되도록 한다.

옹벽 콘크리트 납품서(배합비 - 25mm 골재굵기 - 24Mpa 강도 - 150mm 슬럼프)

※ **슬럼프(slump)** : 슬럼프 콘에 프레시 콘크리트를 충전하고, 탈형했을 때 자중에 의해 변형하여 상면이 밑으로 내려앉는 양, 프레시 콘크리트의 유동성 정도를 표시

· 부어넣기 계속 중에 이어 붓기 시간 간격의 한도는 외기온도 20℃ 미만인 경우에는 2.5시간, 25℃ 이상은 2시간 이내가 되도록 한다.

· 콘크리트 부어넣기 중 진동기 사용은 수직으로 하며, 굳기 시작한 콘크리트에는 사용해서는 안 된다.

· 진동기 사용 중 설비배관에는 절대 접촉되지 않도록 한다.

1 1층 옹벽 콘크리트 부어넣기 후 전경

2 옹벽 거푸집 해체 : 기초, 보 옆, 기둥 및 벽의 거푸집 널의 존치기간은 콘크리트 재령(일), 보통 포틀랜드 시멘트의 경우 압축강도 50kgf/m2 이상이거나 10℃ 이상 20℃ 이하 온도에서 6일, 20℃ 이상은 4일 이상 유지하도록 시방서에 규정하고 있다.
그러나 일반 현장에서는 벽 거푸집 해체일을 재령일에 맞출 경우 해체가 어려워 타설 후 1~2일 경과 후 하기도 한다.

3 인방보 동바리 설치

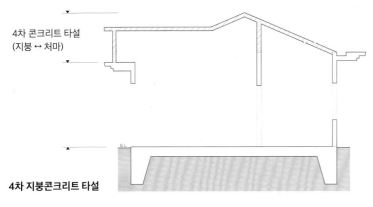

4차 콘크리트 타설
(지붕 ↔ 처마)

G.L

4차 지붕콘크리트 타설

3. 콘크리트 양생 및 보양

· 콘크리트 타설 후 초기 경화가 시작될 때까지 직사광선이나 바람에 수분이 증발되지 않도록 보양재를 덮어 보호한다.
· 타설 후 1일(24시간)은 보양하고 충격 또는 중량물을 올려 놓아서는 안 된다.
· 타설 후 최소 5일간은 습윤 상태를 유지시킨다(물뿌리기, 양생용 보온재 사용).
· 거푸집 및 동바리 존치 기간은 시방서 내용에 준하여 해체하도록 한다.

4. 콘크리트 강도시험

· 공사현장에서 부어넣기 중 채취한 콘크리트는 표준양생(수중양생)에 의해 재령 7일, 28일(4주)에 대한 압축강도시험을 하며, 이때의 강도는 설계기준 강도 이상이어야 한다. 시험의 방법은 현장 내 시험실을 갖추지 못할 경우 시험체를 떠 레미콘공장에서 수중양생 과정을 통해 시험하게 되며, 필요 시 현장의 시공된 구조체에 직접 슈미트해머를 통해 강도시험을 하기도 한다. 압축강도시험은 150㎥당 1개소를 실시하도록 하고 있다.

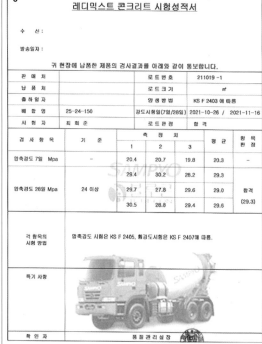

1 공시체 28일 수중양생 콘크리트 공시체 - 100mm x 200mm

2·3 공시체는 소정의 양생이 끝난 직후 시험재의 표면에 대한 샌딩 및 가압판의 압축면을 청소한다.

4·5 공시체 가압 및 테이터 확인
 - 공시체에 묻은 물을 깨끗히 닦아낸 후 압축시험기에 넣어 똑같은 속도의 하중을 가하며, 하중을 가하는 속도는 압축응력도의 증가율이 매초 (0.6±0.4)Mpa가 되도록 한다. 시험체의 지름은 0.1mm, 높이는 1mm까지 측정하며, 공시체 높이의 중앙에서 서로 직교하는 2방향에 대하여 측정한다. 공시체의 시험은 3개씩 총 9개를 실시하며, 공시체가 파괴될 때까지 시험기에 나타나는 최대 하중을 유효숫자 3자리까지 읽는다. 시험결과값이 1회당 3개, 3회 총 9개를 측정하여 최저값이 설계기준 강도의 85% 이상, 평균값은 100% 이상이면 합격한 것으로 본다.

6 기준 28일 압축강도 24Mpa
 -> 최저 19.8(최저 평균값 - 기준강도의 80% 이상 19.2) 공시체 9개의 평균값 29.3 Mpa(합격)

레디믹스트 콘크리트 시험성적서

수　신 :

발송일자 :

귀 현장에 납품한 제품의 검사결과를 아래와 같이 통보합니다.

판 매 처		로트번호	211019 -1
납 품 처		로트크기	㎥
출 하 일 자		양생방법	KS F 2403 에 따름
배 합 명	25-24-150	강도시험일(7일/28일)	2021-10-26 / 2021-11-16
시 험 자	최 회 준	로트판정	합격

검 사 항 목	기 준	측 정 치			평 균	항 목 판 정
		1	2	3		
압축강도 7일 Mpa	-	20.4	20.7	19.8	20.3	-
압축강도 28일 Mpa	24 이상	30.1	30.2	28.2	29.3	합격 (29.3)
		29.7	27.8	29.6	29.0	
		30.5	28.8	29.4	29.6	

각 항목의 시험 방법	압축강도 시험은 KS F 2405, 휨강도시험은 KS F 2407에 따름.
특기 사항	
확 인 자	품질관리실장

4 지붕바닥 설치용 단열재 반입,
  지붕합판 설치

5 지붕 합판거푸집 설치 위한 틀 작업

6 두께 12mm 합판거푸집

7 단열재 두께(비드법 1종1호 두께 215mm)

8 단열재 설치 후 각재 설치,
  단열재+합판거푸집 고정용
  (슬레이트 못)

9 우레탄폼을 이용한 틈새면 단열 보완

10 철근 배근 작업

11 복배근(HD10@200X200) 바닥 철근
배근은 주근이 바깥쪽에 배근된다.

12 지붕바닥 철근 배근 완료

13 옹벽 철근, 지붕 철근 정착

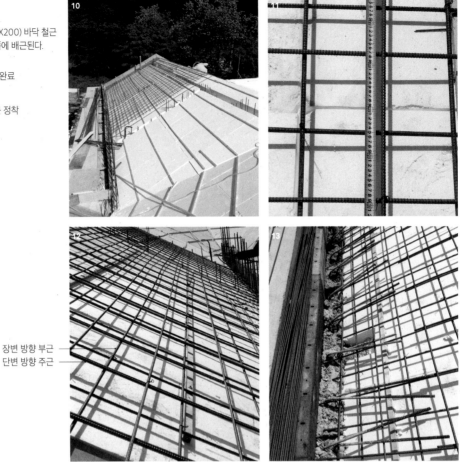

장변 방향 부근
단변 방향 주근

지붕 바닥 철근 배근 작업이 완료되면 전기공사인 각실 천장 조명을 위한
배관 작업을 끝으로, 콘크리트를 부어 넣기 위한 모든 작업이 완료된다.

1층 천장 전등 설치 계획도

14 지붕 콘크리트 부어넣기

15 지붕 경사도가 급한 형태로
콘크리트 된 비빔 시공 (25-
24-80)

16 지붕 바닥 콘크리트 부어
넣기 완료

17 지붕 콘크리트 양생

18 지붕 합각 처마 주변
합판거푸집 해체

제5-1장

목구조 경량목구조

미국에서 개발된 목조 건축법으로 제재소에서 일정한 규격으로 가공한 목재를 이용한 건축 공법이다.
단위는 인치법을 사용하며, 판재를 사용한 공법으로 위치에 따라 두께 2 in × 폭 4~12 in 판재를 세우고 그
위에 OSB합판 설치 후 방수 시트지와 벽돌 등의 재료를 사용해 시공하는 방식이다.

장점

· 구조재와 창호 등 규격화 된 재료를 사용함으로써 공정이 단순화되어 공사기간 단축과 공사비 절감 효과가 있다.
· 구조 방식이 건식공법으로 동절기공사에 있어 다른 구조 공법에 비해 영향을 적게 받는다.
· 구조체가 목재로 형성되므로 실내 환경이 좋아진다.

단점

· 화재에 약하며 관리 소홀 시 내구성이 떨어진다.
· 재료의 구조적 한계로 인한 공간계획, 건식공법에 따른(평지붕, 베란다 구성 등) 재료 적용의 제한으로 자유로운 설계
구현이 어렵다.
· 우리나라는 사계절이 뚜렷한 기후로 목재의 건조 수축에 따른 영향이 더욱 커 이로 인한 뒤틀림에 따른 하자 발생
가능성이 있다.

1_ 1층 바닥 토대 및 앵커볼트 설치

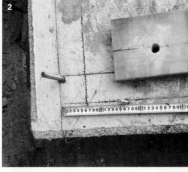

1 바닥 콘크리트 위 토대 설치 위한 먹매김, 앵커볼트 위치 구멍 뚫기

2 앵커볼트 설치(모서리 구간 L450mm)

3 수평 구간 L600mm

4 앵커볼트 (Ø12mmx180mm)

5 토대(깔도리) 설치

토대(Mud sill) 방부판재(38x140)

sill sealer

※ 경량목구조 사용 단위 : 1inch - 2.54cm / 1ft - 30.48cm / 1cm - 0.393inch

※ 공칭치수 - 구성재의 실제 치수를 편의상 부르는 명칭이다. 목재를 제재하는데 있어 사용되는 용어는 제재치수, 제재정치수, 마무리치수로 나누어 부른다.

· 제재치수 - 톱날의 중심간거리를 호칭한 것으로 톱날의 두께는 2㎜ 내외로 본다.

· 제재정치수 - 제재하여 나온 목재 자체의 정미치수로 호칭한 것으로 수장재, 가구재 등을 가공할 때 해당된다.

· 마무리치수 - 제재하여 나온 것을 대패질 등을 통해 마무리 한 결과의 재의치수로 호칭한 것으로 창호재 정밀가구재 등이 해당된다.

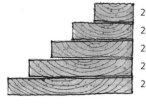

2×4
2×6
2×8
2×10
2×12

명칭	규격	용도
2×4	38×89	스터드, 깔도리, 창틀 받침
2×6	38×140	
2×8	38×184	스터드, 장선
2×10	38×235	장선, 헤더, 서까래, 림보드
2×12	38×286	장선, 마룻대, 림보드, 계단

2_ 1층 벽체 설치

코너
(corner)

밑깔도리
(Bottom plate)

이중 밑깔도리
(Double plate)

토대(Mud sill)

윗깔도리
(Top plate)

킹스터드(Kingstud)

트리머(Trimmer)

반스터드
(Cripplestud)

창틀받침(sill)

1 1층 벽체 - 2in×6in
간격 16in(5.08cm×
15.25cm×60.96cm)

3 창틀

4 1층 벽체 가새 설치 : 공사
중 뒤틀림 방지 목적이며,
구조벽 안정화 후 해체

3_ 2층 바닥

2 2층 바닥 장선 2in×8in×16in(간격)

3 2층 바닥 THK18mm OSB합판 설치

4 1층 곡면부 벽체 : OSB합판 설치가 불가능하여 2.7mm 합판 5겹 시공
5 목재 품질검사 결과서

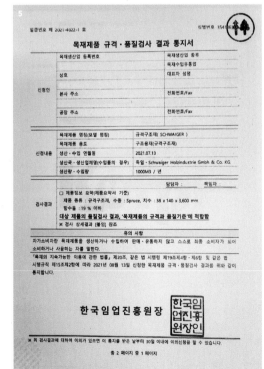

※ **함수율** : 목재 내에 함유되어 있는 수분의 무게를 목재 자체의
무게로 나눈 것을 말한다. 목재는 벌목하여 제재한 목재를 수출하기
위해 보통 82~115도 사이에서 기계 건조 과정을 거쳐 함수율
24%(구조재)로 낮추어 수출, 판매한다고 한다.

4_ 2층 바닥 먹매김, 깔도리 설치

헤더(Header)
백커(Backer)
스터드(Stud)

이중윗깔도리   윗깔도리

1 2층 벽체 위치 먹매김 작업, 윗깔도리 설치

2 2층 바닥 이중 윗깔도리 및 벽체 설치

4 욕실 바닥 욕조 설치로 하중을 고려한 레벨 다운 및 바닥장선 보강

5 2층 벽체 설치 : 뒤틀림 방지 목적의 임시가새 설치

6 구조체 공사와 병행하여 외벽 두께 11.1mm OSB합판 위 방수 보강을 위한 방수시트(Tyvek) 설치

※ S.P.F : 국내 경량목구조에 사용되는 목재는 S.P.F(북미 생산) 목재가 주로 사용된다. 구조목은 가문비나무, 소나무, 전나무 등의 나무를 벌목 제재하여
기계 건조 과정을 거쳐 사용되는데, 1등급 목재가 있지만 비용 문제로 국내에는 주로 2등급 목재가 사용된다.

5_ 1층 벽체 토대 하부 무수축 모르타르, 우레탄폼

1, 2 토대와 바닥 콘크리트 주변 청소 후 무수축 모르타르 사춤

3 외부 기초 저면부와 목구조 접합면 단열 보완 / **4** 단열 보완 후 접착 모르타르 사춤 보완

6_ 다락 바닥 장선 및 OSB합판, 깔도리 설치

1 다락 바닥 장선(joist) 위 OSB합판 깔기 전 장선에 접착제 바르기

2 장선 간격 16in(40.64cm)

3 다락 바닥 두께 18mm OSB합판 설치 완료

7_ 지붕 서까래 설치

1 지붕 마룻대 및 서까래 설치

서까래(rafter)
(2in×10in×16in)

지붕 마룻대(ridge board)

8_ 지붕 마무리

1 두께 18mm OSB합판 위 지붕 단열 보강을 위한 10mm 열반사단열재 설치
2 40×40 각재 위 두께 18mm OSB합판 설치(공기 순환층을 두어 단열성 증가)
3 방수시트지 설치
4 지붕 마감(리얼징크)

9_ 내부공사(층간소음재+단열재+폴리에틸렌필름+온수관+와이어메시)

1 내부 청소

2 OSB합판 / 층간소음방지재 / 단열재 60mm / 두께 0.2mm PE필름 / Ø15온수관 / #8-150x150 와이어메시 / 외측 바닥틀 주변 국부결로 방지 위한 두께 30mm 압출법 보온판 단열재

3 모르타르(시멘트 1 : 모래 3)

10_ 단열재 설치

1 벽틀 속 단열재(R21) 설치

2 천장 열반사단열재 보완

3 천장 단열재(R32)

은평 다가구주택
CM : 웰하우스 종합건축사사무소
설계 : 더나인건축사사무소

제5-2장

목구조 중목구조

중목구조란 원목 또는 집성목재를 사용하여 이음 및 맞춤과 보강 철물을 이용해 구조체를 형성하는 가구식 구조 공법이다. 보통 공장에서 프리컷(Pre-cut) 공법으로 가공한 구조부재(기둥+보)인 각재(105㎜)를 현장에서 전용 철물을 이용해 결구하는 방식이며, 경량목구조에 비해 사용되는 목재의 굵기가 커서 구조적으로 안정감이 있다.

장점

· 설계도면을 기초로 각각의 부재를 프리컷 공법 가공으로 재료 손실의 최소화와 조립 방식의 시공으로 품질 확보 및 공기단축이 가능하다.
· 구조용 목재는 경량목구조 공법에 비해 큰 규격의 목재가 사용된다. 구조적 안정성이 높으며, 가구식 구조로 내진성이 높다.
· 목재 사용이 많아지므로 실내환경이 좋아진다.

단점

· 건식공법에 따른(평지붕, 베란다 구성 등) 자유로운 설계의 구성에 제약이 따른다.
· 우리나라는 사계절이 뚜렷한 기후로 목재의 건조 수축에 따른 영향이 큰 편이다. 이로 인한 목재의 뒤틀림에 따른 하자 발생이 생길 수 있으며 화재에 취약한 측면이 있어 관리가 소홀할 경우 내구성이 떨어질 수 있다.
· 경량목구조 공법에 비해 구조공사에 소요되는 비용이 상대적으로 높다.

※ LVL(Laminated veneer Lumber) : 글루램이라고도 하며, 2인치(2.54cm) 두께 이하의 제재목을 섬유 방향으로 접착시켜 만든 집성목으로 기건 상태의 함수율(12~15%)로 강도와 내구성이 있어 중목구조의 기둥, 보 용으로 사용되는 구조용 공학목재이다.
· CLT : Cross Laminated Timber라고 부른다. 목재를 가로, 세로 크로스 방향으로 접착시켜 만든 목조건물의 벽체와 바닥용으로 사용되는 집성목재이다.
· 프리컷공법(Pre-Cut) : 프리컷 공법은 목조주택에 필요한 구조재 및 부자재를 설계도면에 따라 사전에 공장에서 가공, 준비하여 현장에서 조립해 시공하는 공법을 말한다.

1 건조목재를 이용 글루램 가공

2 1차 가공목재를 규격에 맞게 제작(집성목)

3 설계도면에 따른 가공된 집성목재를 프리컷 기계로 가공

4 기둥 부재에 연결철물 설치

5 공학목재 생산

6·7 토대 설치 공법1 - 바닥콘크리트 타설 전 L형 앵커 설치 후 토대를 설치한다. 바닥 평활도 확보를 위한 샌딩작업(평활도가 떨어질 경우 토대가 설치되는 양쪽에 각재를 대고 무수축 모르타르를 사용 수평작업 후 토대를 설치한다)

8 토대 설치 공법2(패킹 설치) - 패킹을 토대가 설치될 콘크리트 바닥면에 고정하며, 패킹을 콘크리트에 고정할 때에는 아연도금된 못을 사용한다. 기초+패킹, 패킹+토대 사이에는 빈틈이 없도록 한다.

9·10 GJ-10 철물은 고정 설치되므로 토대 배열에 이상이 없는지 확인하도록 한다.

11 기초 부분 토대에 기둥을 결속한 후 드리프트핀을 받아 고정한다.

12 기둥 설치

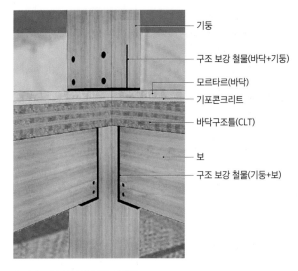

기둥

구조 보강 철물(바닥+기둥)

모르타르(바닥)

기포콘크리트

바닥구조틀(CLT)

보

구조 보강 철물(기둥+보)

층간 구조부재 연결 부분 입체도

WTH245
보 접합철물

WTH155

기초 연결지
주철물(WTK)

기둥+보 접합
철물(WTTB /
WTTP)

· **기둥+보 보강 철물 상세_** 기둥 상부에는 단면
결손과 구조 보강을 위해 구조 보강 연결철물이
설치되고 맞춤, 이음부재에 홈을 내어 끼워
결속한 후 드리프트핀을 박아 고정한다.

13 기둥과 보 결구

14 기초에 접하는 기둥 부재에는 기초 연결
지주철물을 사용하여 목재가 바닥면에 접하지
않도록 한다.

15·16 중목구조 결구 상세

17 귀틀식 구조인 로그하우스

목재를 노출시킨 중목구조

목구조 한식 목구조

한옥은 오래 전부터 우리 조상들이 생활하고 이어져 내려온 우리의 건축물이며, 한국건축이라고 한다.
한옥의 생활공간으로는 서민들의 살림집이었던 민가, 양반 등 상위 계층의 반가 또는 사대부가, 왕족이 살았던
궁가 등으로 나눈다.

한옥은 구들 드린 온돌방이 있는데, 이를 욱실이라고도 한다. 온돌방 설치로 집을 드나들기 위해 마당에서
높여진 부분에는 기단이 설치되는데, 기단의 설치로 지면으로부터 올라오는 습기의 차단과 자연스러운 누마루
구성이 가능해진다.
한옥의 난방은 구들을 통한 방식인데, 이는 도시 주거생활에 적용하여 사용하기에는 어려움이 있다. 그러나
전원에서 구들을 놓은 온돌방은 도시 주거공간에서 느낄 수 없는 향수와 건강한 삶을 누릴 수 있는 또 하나의
생활공간이기도 하다.

1 목재 선별(창방 및 도리용 목재)

2 서까래용 목재 치목(다듬기) 작업 : 목재의 치목은 목재가 최대한 건조된 상태에서 치목하며, 건조 시 수축율이 섬유 직각 방향으로 크게 발생되므로 건조수축될 만큼의 여유를 두어 치목한다. 또한 주두와 소로와 같은 작은 부재는 최대한 건조된 목재를 사용하도록 한다. 작은 부재일수록 치목 후 빨리 건조되고 건조 변형이 급속히 진행되기 때문에 섬유방향으로만 우선 치목하고 더욱 건조되기를 기다려 최종 단계에서 치목하는 것도 방법이다.

3 목재 제재 후 자연건조 중

4 초석 위 사모기둥(220×220) 다림보기 작업. 기둥을 설치할 때에는 나무가 자랄 때 모습인 원구(뿌리 쪽)가 아랫면에 오도록 하고 기둥의 방향 또한 나무가 자란 방향으로 세우도록 한다.

※ 목재 함수율
· 섬유포화점(함수율 28~32%) : 나무가 머금고 있는 수분은 섬유질 사이의 자유수와 섬유질 사이의 결합수로 나뉘어 지는데, 자유수가 모두 마르고 결합수가 감소하는 시점을 섬유포화점이라고 한다. 섬유포화점 이상에서는 건조하더라도 나무에 수축이 발생하지 않으며, 섬유포화점 이하로 내려가면서 건조, 수축이 진행되며, 나무의 강도도 증가한다.
· 기건 상태(함수율 13~15%) : 나무를 벌목하면 점차 수분이 증발하여 대기 중의 습도와 균형을 이루는 함수율에 이르게 되는데 이때를 기건 상태라고 하며, 평형함수율이라고도 한다. 벌목 후부터 기건 상태가되는 시점에 이르면 목재의 강도는 1.5배 증가되고, 수분이 완전히 없어지는 전건 상태(함수율 0%)에 이르면 목재의 강도는 3배 증가한다고 한다.
· 구조재 24% 이하, 수장재 18~20% 이하, 가구 및 창호재 13~15% 이하, 목재의 함수율(문화재시방서)
· 벌목한 직후의 목재(통나무)의 함수율을 생재함수율이라 부르는데 활엽수의 생재함수율은 45~160% 정도이나 대부분 수종은 30~200% 범위에 속한다고 한다.

대들보(대량) ——

툇보(퇴량) ——

창방 ——

초익공(물익공) ——

5 평주와 고주 사이에 대들보가 설치되고 같은 높이로 툇보 설치

6 공포 종류는 초익공식으로 물익공 형태이다. 모서리에는 기둥머리에 사갈을 터 도리 방향에 창방과 직각 방향으로 익공이 결구된다.

7 기둥 위에는 주두를 설치하고 대들보를 얹었다. 대들보는 기둥 바깥으로 초각하여 내밀며, 기둥 위치에 숭어턱을 두어 도리를 얹는다. 보, 도리를 설치할 때에는 나무의 원구(뿌리방향)쪽이 외측 방향에 오도록 설치

주택의 가구 구조는 앞쪽에 전퇴를 둔 일고주 오량가 구조이다.

대들보와 툇보를 설치한 후 보 위에는 종보를 받기 위해 동자주를 설치한다.

동자주에 종보와 중도리가 맞춤되고 종보 위에는 판대공이 설치된다. 천장이 없는 연등천장의 경우에는 화려한 대공이 설치되기도 하나 천장이 설치되는 주택의 경우 소박한 동자주대공 또는 판대공이 주로 사용된다. 판대공 위에는 장혀와 종도리가 설치되면서 지붕으로부터 하중이 전달되는 가구구조가 완성된다.

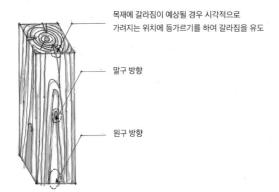

목재에 갈라짐이 예상될 경우 시각적으로
가려지는 위치에 등가르기를 하여 갈라짐을 유도

말구 방향

원구 방향

※ 한옥에서 목재의 조립에 있어 오래된 관습으로 목재 생존 시의 상·하와 나무가 자란 방향에 맞게 설치되도록 하는 것이 좋다.
  나무의 상(말구), 하(원구) 판별 :
· 균일한 직경으로 제재된 목재에서 양단의 나이테 수효를 비교하여 수가 적은 쪽이 원구
· 양단의 심재부 면적이 크게 나타나는 쪽이 원구
· 곧게 성장한 목재인 경우 측면에 나타나는 나이테가 혓바닥처럼 보이는 쪽이 말구이고 양단으로 퍼진 쪽이 원구
· 양단부를 비교하여 나이테 중심부가 크게 편심된 쪽이 원구

8

추녀

주심도리
(나비장이음)

소로

소로방막이

소매걸이

9

판대공

종도리

종도리장혀

외기도리
중도리
중도리장혀

10

평고대(초매기)

서까래(장연)

8 창방 위에는 소로를 설치하여 주심장혀를
받도록 하고 소로 사이에는 소로방막이를
설치한다. 가구 구조인 기둥, 보, 도리 작업이
완료되면 모서리에는 추녀를 설치한다. 지붕을
만들 때 가장 먼저 거는 것이 추녀인데, 모서리에
추녀를 걸고 여기에 평고대를 건너 지른 다음
평고대에 맞춰 서까래를 걸어나간다.

10 평고대는 처마곡을 결정하는 중요한 부재로
목재 양쪽을 고정시키고 가운데에 돌을
매달아 자연스럽게 처지도록 한다. 즉 지구의
만유인력에 의해 만들어진 현수곡선이
한국건축의 처마곡이 된다.

주두
소로
창방
보뺄목

사래-모양은 추녀와 같다
세발부연
부연 평고대(이매기)

서지연구간
평면구간
개판

11 평고대를 설치한 후에는 지붕 가구 구조인 서까래를 설치한다. 서까래를 설치할 때에는 밑둥(원구) 부분이 처마쪽(아랫면)으로 오도록 하며, 서까래는 주심도리에서 중도리까지 걸쳐지는 '장연'과 중도리에서 종도리에 '단연'이라는 두단의 서까래가 걸리는데, 단연 물매는 10치 물매(45도)인 되물매로, 장연은 6치(30도) 정도의 뜬물매로 한다. 처마내밀기는 기둥 아래 기단 상면에서 30° 위치에 오도록 하는데, 보통 겹처마인 경우 평균 2.3m 정도가 가장 많다고 한다. 서까래용 목재에 갈라짐이 예상될 경우 미리 등가르기를 하여 등가르기된 면이 위쪽을 향하도록 하여 밑에서 보이지 않도록 한다. 기단의 깊이는 처마보다 안쪽에 두어 처마의 빗물이 기단 위로 떨어지지 않도록 한다.

12 홑처마일 때에는 평고대 위에 연함을 올리고 바로 기와를 얹었지만 처마를 길게 빼기 위한 겹처마 구성에는 또 하나의 짧은 서까래를 설치하여 처마를 길게 빼내는데, 부연이라고 한다. 부연 위에는 또 하나의 평고대를 설치하며 이를 부연 평고대 또는 이매기라고도 한다. 부연 평고대 위에는 기와골에 맞춰 파도 모양으로 깎은 기와 받침부재가 설치되는데, 이를 연함이라고 한다. 평고대까지는 목수의 일이며, 연함부터 기와일을 하는 와공이 시공한다.

13 서까래와 부연 위에는 개판(판재)을 설치한다. 개판은 서까래 방향으로 설치하며, 고정은 건조, 수축에 대응되도록 못을 한 곳에만 박아 고정한다. 예전 여유가 없는 집에서는 개판 대신 싸리나무나 수수깡 등을 새끼로 엮어 깔았는데, 이를 산자라고 한다. 겹처마의 경우 평고대 위 부연 사이가 트여 있게 되는데 이를 막기 위해 얇은 판재를 부연 양쪽 끝에 홈을 파 끼워 넣는다. 이를 착고막이 또는 착고판이라고 한다.

적심도리(종심목)

목기연

박공
종도리

허가대공

지방목

앙곡

적심

보토

14 한옥의 팔작지붕에서 나타나는 합각 부분은
외기도리를 설치한다.
외기도리 설치 위치에 따라 합각의 크기가
결정되므로 한옥의 규모에 따른 비례감에
큰 영향을 주게 된다. 합각에는 박공 설치와
박공을 따내어 목기연을 놓고 목기연 개판을
얹는다. 합각 아랫면에는 서까래 위에 지방목을
설치하고, 지방목 위 세로 방향의 허가대공이
설치된다.

15 한옥의 지붕은 매우 크고 육중하여 주택이 자칫
둔탁한 느낌을 줄 수 있기 때문에 이를 보완하기
위해 앙곡과 안허리곡을 두어 처마곡을
곡선으로 처리, 가볍고 경쾌한 느낌이 들도록
한다. 지붕은 팔작지붕으로 측면에 합각벽이
생긴다. 그래서 합각지붕이라고도 하며,
한국건축은 팔작지붕, 중국은 우진각지붕을
위계를 높게 본다고 한다.

16 개판 위에는 서까래를 눌러 주고 지붕 물매를
잡아주기 위해 사용하고 남은 잡목 등을
깔아준다. 이를 적심이라고 한다.

17 적심 위에는 단열과 지붕 곡을 만들기 위한
흙을 깔아주는데, 이를 보토라고 한다. 보토용
흙은 생토를 사용한다.

기단 - 지면으로부터 2자
(60cm)~6자(150cm) 정도로
한다.

한식기와

알매흙

연함

막재기와

18 보토 위에는 방수를 위해 생석회를 섞은 강회다짐 작업을 추가하기도 한다.

19 보토 위에는 암키와의 접착을 위해 알매흙을 깐다. 암키와 위에는 수키와를 얹는데, 수키와 아래에는 홍두께 흙을 채워 암키와와 접착시킨다.
　지붕마루(용마루, 내림마루, 추녀마루)를 만들기 위해 제일 아랫단에는 삼각 모양의 특수기와가 놓이는데, 이를 착고라고 한다. 착고 위에는
　수키와를 옆으로 눕혀 한 단 더 놓는데, 이를 부고라고 한다. 그 위로 암키와를 뒤집어 여러장 겹쳐 적새를 쌓는다. 그 위로 수키와를 한 단 놓는데
　이를 숫마루장이라고 하며, 이 작업이 끝나면 지붕기와 작업이 모두 마무리 된다.

여주한옥

※ **한국 건축의 척도**

길이를 재는 단위로 지금처럼 미터(m)법이 사용되기 시작한 것은 서양 척도가 들어오면서부터이다.
이전에는 우리의 고유한 척도를 사용하는데 1자, 척. (尺)은 30.303cm이며, 치의 1/10을 푼(分 0.3cm)이라고 한다.
치는 손가락 마디를 기준한 것이며, 1간을 6자(181, 818cm) 1장을 10척(3.03m)으로 하고 있다.

제5-4장

철골구조 일반 철골구조

건물의 뼈대를 철강재로 구성한 것을 철골구조 또는 강구조라고 한다.
철골구조의 건축물은 뼈대구조(framed structure)와 쉘구조(shell constructure) 형식으로 나눌 수 있다.
뼈대구조에는 트러스(truss)구조, 강성(rigid frame)구조, 아치(arch)구조 등이 있으며, 쉘구조에는
트러스를 쉘구조의 곡면 또는 평판으로 만들어 구성한 입체트러스가 있다.

철골구조는 재료가 균등하고 콘크리트 구조물에 비해 자중이 작으며, 공기 단축이 가능하다.
또한 구조적으로 큰 공간을 만들 수 있으며, 내진성이 높고 재료의 인성이 크다.
단점으로는 고열에 약하고 형태적으로 복잡한 건축물의 경우 마감에 따른 비용이 증가되며, 가공 및
조립에 따른 시공정밀도가 요구된다.

1 기초 및 바닥콘크리트 철근 배근
2·3 먹매김 작업
5 기초 상부 고름질(레벨 조정)
6 앵커볼트 M22, L550 이상

7 기둥 설치를 위한 가베이스판 및 앵커볼트 고정

8 앵커볼트 보양

10 기초 및 바닥콘크리트 타설, 기계쇠흙손 작업

12 자재 반입 및 분리

13 기둥 설치를 위한 레벨 확인 후 앵커볼트 너트 고정

14 철골 1번 기둥(H형강 - 400X200X8X13) 세우기

18 중간보 설치

19 지붕보 설치 / **21** 가조립 - 접속판을 이용 웨브 및 플렌지플레이트면 리벳볼트 조립(8-M20, F10T)

22 기둥 및 큰 보 설치 후 변형 바로 잡기 / **23** 작은 보 조립(H-194X150X6X9)

24 철골 각 부분 리벳 임팩 샤렌치를 이용한 고정 작업(규정치의 리벳 고정이 완료되면 리벳나사면의 여유분이 자동으로 잘라진다)

25 웨브접속판 80X140X7T(2-M20, F10T)

26 철골 세우기 후 변형 바로 잡기

27 지붕 외측보에 직각으로 지붕판넬을 얹을 수 있도록 중도리(Purlin) 설치 LC-100x50x20x3.2t@900

30 지붕에 설치된 가새(브레이스)턴버클에 원강을 끼워 설치 Ø16

33 가새(브레이스) 설치 : 건물 모서리 4면에 대각선 방향으로 설치하여 건물 구조틀의 변형을 방지하기 위한 보조재이다.

　- L형강을 가젯플레이트에 리벳 고정 L-90x90x7t

34 기둥+보의 강접합

37 작은 기둥에 중간보 강접합

41 지붕 큰 보와 작은 보의 핀 ㅈ접합

43 철골 접합부 리벳 고정 등 작업 완료 후 방청페인트 작업

44 주각부 레벨 차이로 인한 무수축 모르타르 부어 넣기

45 철골 구조물 완료, 접합부 검사

이천 창고시설

[데크플레이트]

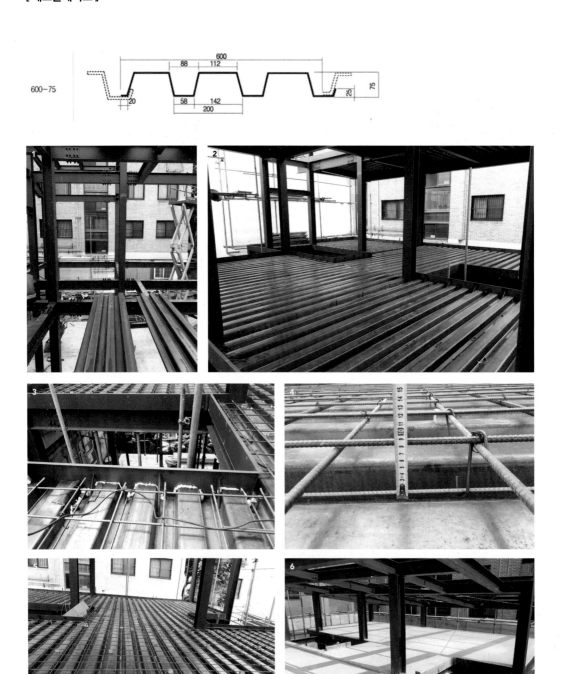

1 U형 데크플레이트 횡방향 이음 / **2** 데크플레이트 설치 / **3** 단부 커버 형강
4 바닥 콘크리트 타설 두께(120mm) / **5** 블록형 스페이서 및 철근 배근 / **6** 바닥콘크리트 부어넣기 완료

제5-5장
경량 철골구조 스틸하우스

미국 목조주택 2"×4" 공법에서 유래된 것으로 두께 1mm 내외의 아연도금경량형강과 구조용부재(SGC400 이상)를 이용하여 구조를 형성하는 공법이다.

구조 형식은 벽식구조로 수직부재(스터드)와 벽면 상, 하의 수평부재(트랙), 바닥이나 천장을 지지하는 장선(조이스트)으로 구성되며, 각각의 부재는 볼트나 용접을 사용하지 않고 스크류로 부재를 접합한다는 점에서 구조용 부재가 다를 뿐 시공 방법은 경량목구조와 유사하다.

구조 하중 전달 형태

지붕트러스 ⟶ 2층 벽체 스터드 ⟶ 2층 바닥 조이스트 ⟶ 1층 벽체 스터드 ⟶ 바닥기초

장점

· 구조재가 공장에서 가공되어 나오기 때문에 표준화, 규격화 되어 있어 정밀 시공이 가능하다. 시공 과정이
  단순화됨으로써 공사 기간 단축으로 공사비 절감 효과가 있다.
· 구조 부재가 가볍고 가공성이 좋아 다양한 공간 구성이 가능하며, 건식공법과 재료적 특성으로 동절기 공사 등의
  계절적 영향을 받지 않는다.
· 재활용이 가능하고 작업중 폐기물 배출이 적어 환경친화적이다.

단점

· 열 전달이 큰 재료적 특성으로 타구조 공법에 비해 결로의 발생 가능성이 높기 때문에 밀실한 단열 시공이 요구된다.
· 재료의 구조적 한계로 인한 넓은 공간을 구성하는 데 제약이 따른다.

1 기초부 단열 및 매스 작업
2 기초 및 1층 바닥 콘크리트 타설
3 1층 벽체 하부 트랙(홀다운, X브레이싱) 작업 .
4 홀다운 시공 상세 / 5 문틀 head 단열 / 6 1층 벽체 스터드 및 2층 바닥 조이스트 작업

7 2층 스터드 작업 및 바닥 방수시트 작업

8 2층 벽체 및 지붕 트러스 작업

9 지붕 트러스 및 단열 작업

10 창호 주변 저팽창폼 및 기밀테이프 작업

11 투습방수지 및 창호 설치 완료

12 난방배관+메탈라스 설치

13 방통 모르타르 작업

14 전기 및 설비공사

15 내부 단열공사

16 두께 11.1mm OSB합판 작업

양주주택
설계 : 웰하우스 종합건축사사무소
시공 : 그린홈예진

제5-6장
A.L.C 블록

A.L.C는 밀도가 350~1,100kg/㎥인 고온, 고압 증기에서 양생한 기포 콘크리트이다.

석회질 원료와 규산질 원료를 주 원재료로 물과 발포제를 첨가하여 양생된 다공질의 콘크리트 블록을 말한다.
경량, 내화, 단열, 차음 성능이 우수한 건축 소재로 위치에 따라 외벽 및 내벽 등에 사용하는 건축재료로
A.L.C 자체가 단열 및 구조벽 역할을 하는 공법이다.

장점

· 별도의 단열재가 필요없이 재료 자체로 구조벽과, 단열벽이 되므로 공사비 절감 효과가 있다.

· 부재의 단위면적이 크므로 시공 속도가 빨라 공사기간이 단축된다.

· 불에 타지 않는 무기질을 주원료로 하여 만든 재료로 화재 시 유독가스 발생이 적다.

단점

· 장마철 등 오랜시간 습기에 노출되거나 습도가 70%가 넘는 날은 충분히 건조시켜서 시공하여야 한다.

· 습기에 약하므로 내습을 위한 별도의 마감재를 시공할 경우 이로 인한 A.L.C의 장점인 습도 조절 능력이 떨어지며 습기 발생이 오래 지속될 경우 곰팡이 발생으로 이어질 수 있다.

· 습기에 취약하여 장기간 수분을 흡수할 경우 이로 인한 재료의 강도가 저하되고 저온 시 동결의 가능성이 있으며, 단열 성능이 떨어진다.

1 기초 및 1층 바닥 콘크리트

2 바닥 레벨을 확인하여 방수를 고려한 치켜 올림 시공을 위한 시멘트 벽돌 쌓기

3 1층 A.L.C 블록 벽체 설치(두께 250mm)

4 1층 벽체 작업 완료

5 2층 구조물 지지를 위한 1층 콘크리트 보 설치

6 A.L.C 블록 바닥판 및 1층 콘크리트 부어 넣기 위한 외측면 거푸집 설치

7 2층 바닥 보, 슬래브 철근 배근 및 전기 배관

8 1층 콘크리트 부어 넣기 작업

9 2층 A.L.C 블록 쌓기 완료

10 외부 치장벽돌 쌓기

11 바닥 난방관 설치 후 모르타르 타설(1:3)

12 A.L.C 블록 접합면 줄눈 메꿈 작업 후 A.L.C 전용 모르타르 바르기

강릉주택

제6장
가설공사 1차 가설재 반출

1 콘크리트공사 완료 후 1차 가설재 반출 - 거푸집, 강관파이프, 클립 등
2 반출 수량 확인

6㎜ 134
4㎜ 143
3㎜ P
2㎜ 231
1㎜ 71
박판 268
오랜링 P00
자동화 26
연결핀 164

※ 가설재 반출 시에는 반입 시에 기록한 물량과 비교 확인 후 후속공사를 위한 일부 재료만을 남겨놓은 후 반출하도록 한다.

제7장
설비공사 급수 및 배수

급수 및 배수관공사는 콘크리트공사가 완료된 후 주택에 물 공급과 배수를 위한 배관공사를 말한다.
방수공사 전에 시공하며, 공사 전 내부 바닥을 깨끗이 청소하고 배관작업을 한다. 구조물 속에 매립되는
배관공사는 공사 완료 후 하자 발생 시 확인이 어렵고 보수 비용이 크게 발생하므로 주의하여 시공한다.
배수관은 물 흐름이 원활하도록 경사도 및 배관 연결 부분을 철저하게 시공한다. 급수관은 배관작업 후
수압을 규정보다 크게 가하여 이음부 등의 누수 여부를 확인하는 것이 중요하다.

급수방식에는 수도직결방식, 고가탱크방식, 압력탱크방식, 탱크 없는 부스터방식 등이 있는데,
소형 건축물에는 주로 수도직결방식이 적용된다.

1_ 시공

1 급수관 설치 전 바닥 청소
2 바닥 급수관 설치 - Ø13 PB관
3 급수배관공사 완료

4 압력시험 위한 기계 설치 : 배관공사 후 실제로
사용하는 이상의 압력을 가해 누수의 유무, 재료
및 시공의 불량, 변형의 양상 등을 파악하는
과정으로 확인 후에 후속공정을 진행

5 압력시험(5일차) : 시험 3~5일차에는 압력이
조금 떨어진다. 공기압력 시험의 경우 온도 또는
기압차에 따라 1kg/㎠ 내외의 압력 변화가 있을
수 있으며, 이후 변화된 압력이 고정 지속될
경우 적합한 것으로 본다. 물을 이용한 수압
시험의 경우에는 압력 게이지상 변화가 없어야
한다.

6 압력시험 완료, 급수관 내 누수 흔적 없음

※ 급수(시수)관의 급수압력은 주택의 경우 보통 3kg/㎠로 하며, 수압의 점검압력은 공급압력의 1.5~2.0배 정도로 한다. 누수 점검 시험은 수압의 경우
배관 내 누수 발생 시 확인이 손쉬운 반면, 사전 작업의 번거로움이 있다. 공기압 시험의 경우 동절기에 주로 사용하는 방법인데, 이는 배관 내 물이 얼
수가 있기 때문이다. 공기압의 경우 배관 내 압력의 변화가 있을 경우 확인이 어렵지만 준비 작업이 쉽다.
· 본 현장에는 수압 시험 실시

제8장
방수공사

방수공사는 설비공사의 급수 및 배수관 작업 완료 후 시작한다. 욕실과 같이 물을 사용하는 공간과 외부에 노출되어 방수가 필요한 부분, 지면에 접하여 습기에 문제 없도록 하여야 하는 곳 등에 실시하는 매우 중요한 공종이다. 방수라고 하면 일반적으로 물을 막는다는 뜻이며, 목적에 따라 완성된 건축물에 물로부터 보호하는 방수, 수압을 일시적으로 막아주는 차수, 물은 차단하고 공기는 통하는 발수 등이 있다.

1_ 방수공법의 종류

1. 시멘트 액체 방수
방수제로 혼입 방수성을 높인 모르타르를 바르는 방법으로 비교적 중요도가 낮은 곳에 사용하며, 오랜 기간 경과하면 방수 성능이 저하된다.
재료 특성상 온도 변화가 적은 실내방수(욕실, 지하실 내벽 및 바닥) 등에서 주로 사용되며, 완결형 지상산계 방수제와 급결형 규산소다 및 염화 칼슘계 방수제가 있다. 통상 줄여서 완결, 급결이라고 부른다.

1 바닥, 벽 방수작업 위해 면처리 후, 1차 방수작업

2 재료 배합(1층 바닥 – 액체방수 C종)

3 모서리 부분 1차 방수 작업(폭 L30cm 이상)

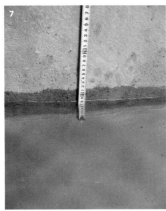

4 방수 높이(벽 1.2m, 샤워공간 1.8m)

5 방수 작업 완료

6 방수면 완전 건조 후 담수 실시

7 타일 마감 높이 이상 담수, 8cm

8 담수시간(42시간 이상 실시)

시공순서(재료의 배합 및 공정)

액체방수 2차(C종) - 8층 시공		액체방수 1차(D종) - 6층 시공	
1공정	방수시멘트 풀칠	1공정	방수시멘트 풀칠
2공정	방수 용액 도포	2공정	방수 용액 도포
3공정	방수 시멘트 풀칠	3공정	방수 시멘트 풀칠
4공정	방수 모르타르 바름	4공정	방수 용액 도포
5공정	방수 시멘트 풀칠	5공정	방수 시멘트 풀칠
6공정	방수 용액 도포	6공정	방수 모르타르 바름
7공정	방수 시멘트 풀칠	7공정	-
8공정	방수 모르타르 바름	8공정	-

· 방수 B종은 C종에서 7, 8공정이 추가되어 시공 (총 10공정)

· A종은 C종에서 6, 7, 6, 7, 8공정이 추가되어 시공 (총 12공정)

※ 시멘트 액체 방수 시공 시 유의 사항

· 액체 방수는 모체의 바탕 처리가 방수의 양부를 좌우하므로 바탕면의 흙, 먼지, 레이턴스 등을 깨끗이 제거한다.

· 모체의 부실한 부분은 보수하고 구조 균열 부분은 V컷팅 처리한 후 방수층을 시공한다.

· 바탕면을 거칠게 처리하고 모체가 충분히 건조, 균열 발생된 후에 시공한다.

· 바닥면 방수의 경우 구조체 자체의 기본 물매가 있는 것이 가장 좋다.

· 바탕면이 건조할 경우에는 시멘트 액체 방수층 내부의 수분이 과도하게 바탕면에 흡수되지 않도록 물로 적셔 둔다.

· 공사 도중이나 완료 후에도 보행이나 물건 적재를 금지하며, 방수 후 진동, 충격이나 온도 상승으로 금이 가거나 들뜨지 않도록 한다.

· 한창 더운 시기에는 시공을 피하고 2℃ 이하일 때는 작업을 중지한다.

· 문틀 주위는 선 사춤 후 방수공사를 한다.

2. 멤브레인 방수(지붕 등의 넓은 면적을 얇은 방수층으로 전체를 덮는 방수공법의 총칭)

| ① 아스팔트 방수 | ② 시트 방수 | ③ 도막 방수 | ④ FRP 방수 |

① 아스팔트 방수

아스팔트 펠트와 루핑을 용융시킨 아스팔트로 몇 층이고 겹쳐 붙여 방수층을 형성하는 공법이며, 주로 물과의 직접적인 접촉이 있는 곳에 사용된다. 아스팔트 펠트의 겹친 수를 통칭하여 6층, 8층, 10층으로 호칭한다.

② 시트 방수

바탕면에 얇은 두께 3mm 시트 모양의 고분자 루핑을 접착제로 붙여 방수층을 형성하는 공법이며, 시트와 시트 이음부의 시공이 까다롭고 이음부에서 하자 발생 시 누수 부분의 확인이 어렵다.

③ 도막 방수

아스팔트의 결점(열, 냄새, 공정의 복잡함) 및 시트 방수재의 결점(시트재의 겹침 부분, 연결 부분의 수밀성 확보)을 개선하고 일정 두께의 방수층에 탄력성(신축성)을 주어 바탕재의 변동에 대응하기 위한 공법으로 콘크리트나 모르타르 바탕면에 합성고무, 합성수지 등의 용액 또는 에멀션을 도포하여 이음새가 없도록 하는 불투수성 피막을 형성하는 공법이다.

④ FRP 방수

연질 폴리에스테르 수지와 유리섬유의 적층(섬유강화플라스틱, Fiber Reinforced Plastics)을 기본으로 한 공법으로 도막방수 적층공법이라고 부르기도 한다. 내마모성이 뛰어나며 강인하고 경량이며, 내수성, 내식성, 내후성이 좋다. 콘크리트 바탕 및 모르타르 마감면, 목재, 금속판 등과의 접착성이 높다.

· FRP 내부방수 시공 과정(바닥 - 모르타르 / 벽 - 방수 석고보드)

1 바탕면 청소(불규칙한 부분과 배관 주변, 모서리 부분 둥글게 정리), 모르타르 타설 시 드레인 방향으로 경사 시공
2 재료 반입(폴리에스테르수지)

3 방수 주변 보양 작업, 모서리면
보강재 설치 후 프라이머,
폴리에스테르수지 도포

4 유리섬유

5 모서리 유리섬유 붙임

6 문틀 주변 프라이머,
폴리에스테르수지 도포 후 유리섬유
시공

7 바닥 프라이머, 폴리에스테르수지
도포 후 유리섬유 시공

8 유리섬유 붙임과 폴리에스테르수지
도포 2회 반복(방수층 두께 확보)
시공 후 드레인 주변부 등 거친면
연마 후 마무리 폴리에스테르수지
도포

· FRP 외부방수(바닥 - 모르타르, 벽 - OSB합판, 방수합판)

1 면처리 및 청소

3 모서리면 면목을 이용 빗모 처리

4 프라이머 도포

5 창틀 주변 프라이머,
  폴리에스테르수지 도포 후
  유리섬유 시공

8 창틀 주변부 보완 시공

9 바닥 프라이머 도포 후 유리섬유재에 폴리에스테르수지제 도포 시공

10 중간칠 : 방수층의 두께를 확보하고, 표면을 매끄럽게 하기 위해 다시 폴리에스테르수지 도포

11 탑 코트를 도포하기 전에 사포 등으로 방수층 표면 정리 완료
12 탑 코트(마무리 보호재) 도포, 탑 코트는 미관을 위한 목적과 방수층을 자외선으로부터 보호하는 역할을 한다.

3. 방수공사 유의 사항

① 방수는 가장 중요한 것이 바탕 면 처리이며, 두 번째는 보호층 시공 때까지의 보양이다.
② 가능한 탄성력 및 내 균열성을 갖는 멤브렌계(도막 방수 재료)을 사용한다.
③ 방수 완료 후 담수 테스트는 48시간 이상 실시한다.
④ 옥상 방수, 지하층 부분은 비가 올 때 수시로 방수 상태를 확인하도록 한다.
⑤ 현장 여건과 환경을 고려한 방수공법과 누수 시 확인이 쉽고 유지 보수가 간단한 재료 및 공법을 적용한다.

4. 방수 하자의 원인 및 대책

① 콘크리트 강도 저하, 양생 불량, 구조체에 균열 발생 시 방수 하자로 이어질 수 있으므로 품질 관리가 요구된다.
② 지하부 외벽 방수공사 후 되메우기 시 방수층 손상이 발생될 수 있으므로 주의가 요구된다.
③ 가구식 건축물(목구조)의 조인트부 실링 처리 불량 및 건축물의 미세거동 발생 시에 방수층에 충격이 전달되지 않도록 보강 작업이 필요하다.
④ 물이 흐르는 경사면, 모서리 치켜올림 부분의 높이 확보, 콘크리트 방수턱 작업에 일체화된 시공이 필요하다.
⑤ 재료의 혼합과 사용량, 도포 방법 등 제품의 특성을 면밀히 검토하여 시공한다.
⑥ 드레인 주위는 우레탄 코킹으로 보강하고 주변부에 대한 물고임이 없도록 경사를 두며, 불가피하게 드레인 위치를 조정할 경우 그라우팅 시공한다.
⑦ 전문 기술자에 의한 시공과 관리자의 세밀한 관리가 요구된다.

제9장
단열 및 난방관공사

급수관 수압시험과 배수 배관, 내부 방수 작업이 모두 완료되면 바닥 난방관을 설치하기 위한 기포콘크리트 작업을 하게 된다. 본 주택의 기포콘크리트 작업은 단열성을 높이기 위해 기포콘크리트를 대체하여 비중이 높은 단열재를 이용한 시공법을 적용하였다.

1_ 단열재 및 난방관 설치

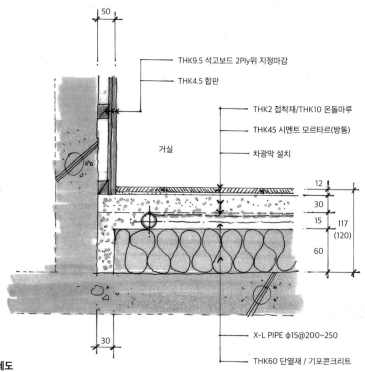

THK9.5 석고보드 2Ply위 지정마감
THK4.5 합판
THK2 접착재/THK10 온돌마루
THK45 시멘트 모르타르(방통)
차광막 설치
50
거실
12
30
15
117 (120)
60
30
X-L PIPE φ15@200~250
THK60 단열재 / 기포콘크리트

거실바닥 단면 상세도

1 단열재(나등급-비드법 보온판 1종1호 두께 60mm) 위 와이어 메시(#6x150x150)를 설치
2020년 단열 기준은 1층 바닥(기초) 전체면에 법적 두께 이상의 단열재를 설치하도록 하고 있다.

2 난방관 X-L PIPE Ø15mm, 난방관 설치, 공용공간(거실 등)은 간격 250mm, 취침공간(방)은 간격 200mm, 벽면에서는 100mm를 이격하여 시공.
난방관 설치 후 누수 점검 테스트

3 모르타르 타설 위한 먹매김선 - 재료 설치 두께 105mm(단열재 두께 60mm + 모르타르 두께 45mm)

4 난방관 상면에서 모르타르 두께가 30mm 내외로 유지되도록 한다. 이는 모르타르면의 갈라짐 최소화와 난방에 따른 열 전달에 효과적이기
때문이다.

※ X-L PIPE는 재료 보관(판매상) 시 햇빛에 노출되는 곳에 보관해서는 안되며, 햇빛에 노출된 난방관을 사용할 경우 장기적으로 재료의 내구성이 문제가
될 수 있으므로 재료 구입 시 주의가 필요하다.

2_ 기포콘크리트

경량 기포콘크리트는 방바닥의 단열, 차음, 바닥수평 등의 목적으로 난방관 시공 전에 하는 모르타르 작업이다.
기포층은 축열층 역할의 기능도 하며, 방통 속의 난방코일이 열을 발생했을 때 열을 담는 역할을 하기도 한다.
기포콘크리트는 일반적인 콘크리트와 달리 골재를 사용하지 않고 일정량의 시멘트와 물을 혼합한 슬러지에
크림(Cream, 동식물성 유지)과 같은 일정량의 기포제를 기포화시킨 특성의 재료를 말한다.

기포콘크리트의 배합비율

| 밀도 - 350 kg/㎥ | 시멘트 - 300 kg | 기포액 - 1.20 Lit | 압축강도 - 6~9 kg/㎠ |

1 시공을 위한 시멘트 반입
2 물에 혼화재(기포제) 첨가
3 콘크리트 바닥에 기포 콘크리트 부어 넣기
4 나무 미장대를 이용한 수평 작업
5 기포 콘크리트 타설 두께 40~60mm

제10장
미장공사 방통

방통시공은 본격적인 마감공사의 개시를 의미하며, 공정상 미장공사에 해당된다.

모르타르 시공 두께는 보통 40~60mm(난방관 표면에서 모르타르 마감면까지 30mm 내외)가 되도록 한다. 모르타르가 너무 두꺼워지면 초기 난방 효율이 떨어지거나 너무 얇으면 모르타르면의 강도가 약해질 수 있으므로 주의하여 시공한다.

재료 배합은 레미콘모르타르[시멘트(480kg) : 모래(1.1㎥) : 물(320L)]를 사용한다. (시멘트 1 : 3 모래 - 현장에서 레미콘 공장에 주문할 때 일반적으로 사용하는 용어)

1_ 바닥 모르타르 타설

1 모르타르 타설 시(단열재 + 난방관) 부력, 크랙 방지 목적의 차광막, 와이어 메시(#6x150x150) 설치, 기포콘크리트 시공 시에는 난방관(X-L PIPE)은 고정핀(U핀)을 기포바닥에 꽂아 고정한다.

2 단열재 설치는 단열재와 단열재 사이를 5cm 정도 띄워 모르타르가 채워지도록 한다. 이는 단열재와 모르타르의 일체화 목적이다.

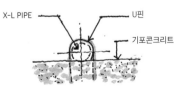

3 모르타르 타설을 위한 모르타르 펌프카 및 레미콘

4 모르타르 타설 - 시멘트(1) : 모래(3)

6 타설 작업 후 밀대를 이용, 수평 작업을 한다.

※ **방통** : 난방관이 설치되는 바닥에 난방관 설치 후 모르타르를 부어 넣는 작업

2_ 양생

1 타설이 완료되면 시멘트물이 어느 정도 가라앉기를 기다려 쇠흙손을 이용 평활도와 마감이 깨끗하게 될 때까지 계속해서 반복적으로 미장 작업을 한다. 온도에 따라 작업이 지연될 수 있기 때문에 가능한 오전에 타설 작업을 완료한다.

2 양생 2일차

3 양생 3일차

※ 모르타르 타설 후 양생과정 중 유의 사항
· 모르타르 면이 양생과정에 갈라짐이 없도록 하여야 한다. 갈라짐 발생 시 마감 면이 하자의 원인이 될 수 있으므로 품질 관리가 요구된다.
· 타설 전 바닥면에 약하게 물축임을 한다.
· 타설 후 쇠흙손 마감은 4~5회 이상 충분한 마무리 미장을 한다.
· 타설 후 외기에 영향을 받지 않도록 창문, 출입문 설치 또는 개구부 공간에 비닐을 설치한다(온도에 따라 판단).
· 타설 후 1일 1~5회 살수 양생을 실시한다(모르타르면이 급격하게 건조되지 않도록 하기 위함).
  양생은 5일 정도 필요로 하며, 타설 후 2일 후 부터는 출입이 가능하나 중량물 이동이나 보관은 금지한다.

제11장

방수 및 미장공사 처마, 지붕

지붕 기와 작업 전 처마, 처마 홈통 주변 지붕바닥 바탕면 처리와 방수 작업을 완료하고 건조 후 충분히 물을 뿌려 방수 상태를 확인 후 후속 작업을 진행하도록 한다.

1_ 지붕 방수 및 미장 작업

1 처마면 미장 작업 전 모르타르의 접착력을 높이기 위한 몰다인 바르기

2 미장 작업 위한 방수액 배합(가사리 방수제 DN-50)

3 메도몰 배합(시멘트 40kg당)

4 처마 배수로 주변 방수 작업

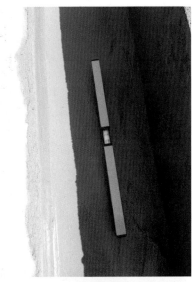

작업 중 안산에
올라가나 삼딸기가
탐스럽게 열려 있다.

5 1차 방수 및 미장 작업 완료

6 처마홈통 2차 방수 및 미장 작업
(레미탈+가사리 방수제+메도몰 1:3)
배합

8 작업 중 처마홈통 적정 구매 확인

9 지붕, 처마 방수 미장 작업 완료

방수 및 미장 작업에 첨가된 재료

몰탈접착방수제S(DN-50)	
개요	1. Sodium Carboxymethyl 혼화제 2. 방수, 접착력이 탁월함 3. 침투, 액체 방수제로 접착방수, 발수 작용을 한다. 4. 원액으로 황토와 반죽하면 방수가 된다.
사용처	1. 몰탈과 혼합하여 방수하는 곳 2. 지하, 옥상, 타일 붙일 때 3. 액체방수와 같은 방법 4. 황토벽, 지붕 방수
공법 및 사용비율	원액 또는 물과 배합비 1:1 ~ 1:20 (공법 2,12,14,15,17)

가사리 방수 특기시방서

시멘트 모르타르 접착 증강제

방수 효과 증대, 백화현상 방지, 높은 점성으로 모르타르의 접착성 증대로 모르타르면의 균열 방지 목적으로 첨가하여 사용됨

모르타르 접착 방수제

2_ 방수 작업 후 담수

1 담수시험(3일-72시간 / 규정-48시간)

2 담수 중 누수 발견

3 담수용 물을 빼낸 후 2차 방수 보완 작업 후 재담수 실시

4 2차 담수 후 방수 상태 확인

3_ 방수 및 미장 작업 완료

제12장
지붕 및 홈통공사

지붕공사

주택의 지붕 마감용으로 사용되는 재료는
기와, 금속판, 아스팔트 슁글 등 설계 구성에
따라 다양하게 사용되고 있다. 본 주택에는
양식기와인 스페니쉬 S형 기와가 적용되었다.
지붕의 물매는 지붕의 크기, 풍우량, 적설량,
건축물의 모양 등을 고려하여 결정하는데
적절한 지붕 경사가 있어야 하자 발생이 적다.
지붕재료는 수밀한 금속판 등 이음이 없는 넓은
재료가 유리하고 작은 조각, 흡수성이 있는
재료(아스팔트 슁글 등)는 적설량이 많을수록
물매를 되게(급하게) 하는 것이 필요하다.

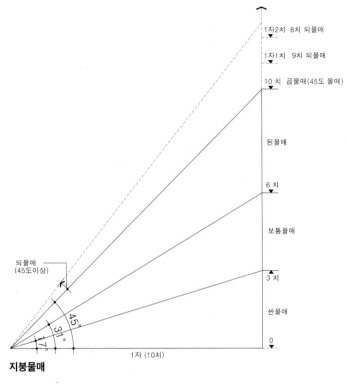

지붕물매

- 1자2치 8치 되물매
- 1자1치 9치 되물매
- 10 치 곱물매(45도 물매)
- 된물매
- 6 치
- 보통물매
- 3 치
- 싼물매
- 0
- 되물매 (45도이상)
- 45°
- 3치
- 17°
- 1자 (10치)

- 지붕의 경사도, 물매

우리의 전통 건축에서는 수평거리 한 자(30cm)에 대한 높이를
치(3cm) 단위로 표현하며, 한 자의 수평거리에 여섯 치를 높인 것을
여섯 치 물매라고 불렀다. 지금은 잘 사용하지 않는 용어이지만
지붕의 급하고 약한 정도를 되물매(급한 물매), 뜬물매(약한 물매)
등 물매의 정도에 따라 다양하게 부르기도 한다.

재료	경사비
평기와	4:10
조선기와	3.5:10
금속판 평이음	3:10
금속판 골판 이음	2.5:10
아스팔트 싱글	3:10

현대건축에서 지붕 물매는 전통건축과는 다른 경사 비로 표현하며,
재료에 따라 물매의 최소한도를 규정하고 있다.

※ 지붕 등의 물 흐름을 원활히 하기 위해 수평에 대한 경사각을 뜻하는 용어를 우리말로 물매라고 하며, 석축, 경사면 조성에 있어서는 비탈이라 한다. 이것
을 구배와 법면이라는 용어로도 사용되고 있으나, 이것은 일본말에서 유래된 것이라고 한다.

1_ 지붕재의 종류

1. 기와

기와는 점토소성품이 주로 쓰인다. 한식기와, 양식기와 평기와로 대별되는데 한식기와는 암키와, 수키와를 쓰고 진흙을 이어 붙여 잇는 것을 말하며 조선기와라고도 한다.

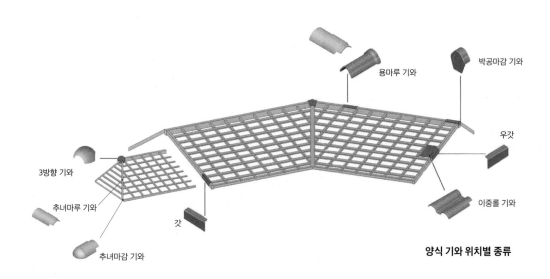

양식 기와 위치별 종류

점토기와 : 점토(진흙, 찰흙)에 약간의 모래를 섞고 물로 이겨 900~1,000℃로 구워 만든 기와를 말한다. 점토기와의 원료는 저급 점토나 바다 흙 등 유기분이나 굵은 모래가 적은 것을 사용한다. 소성 시에 표면 처리한 그을름기와(송연을 올려 은회색 검정기와), 오지기와(오짓물을 올려 젓갈색 광택이 나는 기와) 및 유약기와(유약을 올려 적·황·녹·청색의 광택이 나는 기와)가 있다.

2. 시공

한식기와는 암키와, 수키와가 분리되어 있는 형태이다. 이와 달리 스페니쉬 기와는 암키와, 수키와가 서로 연결된 한 장으로 이루어진 S 형태 모양의 기와로 정식 명칭은 스페니쉬 S형 오지기와이다.

1 기와 설치 위한 나누기 후 수평실을
띄워 기와걸이 작업을 하는데
모르타르 또는 각재를 사용한다.

2 기와걸이(각재) 설치 간격은
330mm 내외(기와 종류에 따라
규격이 다르므로 사용기와 규격을
확인하여 각재를 설치하도록 한다.)

3 기와걸이(방부각재 - 40x40)

4 지붕 곡이 만나는 골추녀 부분은
금속재를 이용하여 물 홈통 설치

5 바닥 수평을 맞추기 위해 방부각재
하부에 고임목을 사용

6 기와 양중

7 기와 배열

8 용마루 바탕각재

10 하부 마감을 위한
   플래싱(컬러강판)에
   새막이 고정

11 바닥기와 설치

12 기와걸이 시공 시 수평선은 정확해야 하며, 막새와 첫 번째 평기와는 철선으로 견고하게 고정

13 기와의 내각선, 추녀의 수평선, 용마루 선은 굴곡없이 직선이 되도록 시공

14 기와 설치는 처마 → 용마루 방향으로, 우측 → 좌측으로 시공한다. 기와걸이 작업 후 좌갓을 씌우고 빗물이 새지 않도록 기와의 이음을 정밀하게 시공한다.

15 용마루 환기용 드라이 픽스 설치

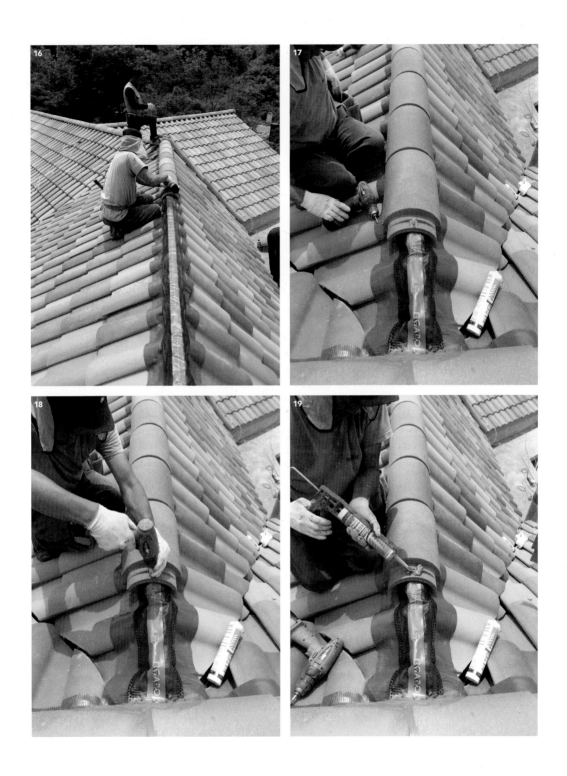

17 용마루 기와(숫마루장)는 견고하게 흔들림이 없도록 모르타르 사춤 또는 못으로 견고하게 고정

18 아연피스 고정

19 피스로 고정 후 실란트 시공(기와색)

20 처마 부분 기와 시공
21 기와 회첨 부분
22 용마루와 추녀마루 연결 부분

기와공사 완료(스페니쉬S형) 전경

3. 금속판

지붕재료로 쓰이는 금속판은 얇은 아연도금강판, 동판, 알루미늄판, 아연판 등이 주로 사용된다. 금속판 지붕은 무게가 가볍고 대형판은 수밀하여 물매를 뜨게(완만하게) 하여도 빗물이 잘 새지 않는 장점이 있다. 반면, 단점은 온도 변화에 대한 신축성이 크고 염류, 가스, 부식 등 기타 화학작용에 약하며, 폭풍 강우 시에 빗소리가 크다. 또한 패널간 거멀접기 시공 방식으로 겨울에 많은 적설량이 내려 쌓였을 때 거멀접기된 사이로 눈이 스며들어 누수의 원인이 될 수 있으므로 바탕면의 방수 시공에 문제없도록 하여야 한다.

① 금속판의 종류

· 아연판(징크)

금속재 중 순도 99.9%의 아연에 소량의 티타늄과 구리가 첨가된 합금판을 징크라고 한다. 국내에서는 생산되지 않으며, 전량 수입에 의존하고 있다.

· 강판(컬러강판)

창고, 공장 등 외벽, 지붕재료로 쓰이는 연강판으로 모양에 따라 평판과 골강판이 있다. 최근에 주택 외벽, 지붕 마감 재료로 고가의 징크판을 대체한 프린트 강판이 주로 사용되고 있으며, 징크판과 모양은 유사하며, 리얼징크라고 부르기도 한다.

· 알루미늄판

경금속 재료로 염분에 약하므로 해안지역에서는 가능한 사용하지 않도록 한다.

· 동판

순동에 아연 또는 석을 조금 넣은 것이다. 동판은 우설(큰 눈)에 맞으면 탄산동의 껍질이 생겨 방부가 되므로 내구력도 크고 오래될 수록 청록색이 변질하여 단조한 지붕에 좋은 풍미를 나타낸다. 동은 알카리성에 약하므로 노출된 화장실 등 암모니아가 발생하는 곳에는 사용하지 않도록 한다.

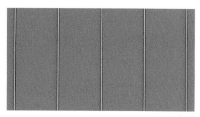

아연판

강판

금속지붕재료 구별법 및 특징

종류 및 명칭	재료마감	자석에 반응	두께	비용
오리지널징크(티타늄징크)	금속자체	X	0.7mm~	고가
리얼징크(컬러강판)	금속재+페인트	O	0.5mm~	중가
알루미늄징크(알징크)	금속재+페인트	X	0.7mm~	고가

알루미늄판

※ 설계과정에서 건축물 형태와 재료별 특성, 시공 방법, 예산 등을 종합적으로 검토하여 지붕 재료를 적용하도록 한다.

4. 아스팔트 쉬글

석유를 정제한 후의 잔여물로 도로 공사용의 아스팔트와 모래 알갱이를 섬유질에 접착시켜 만든 지붕용 널을 말한다.

① 시공

· 시공 전 바탕면의 평활도를 확보하고 충분히 건조시킨 후 시공한다. 치켜 올림 높이는 50mm 이상 확보한다.

· 시공순서는 가로, 세로 규격에 맞게 먹줄을 놓은 후 가로 기준으로 처마 끝에서 용마루 방향으로 시공한다.

· 처마 끝에 처음 시공되는 쉬글재는 하단을 거꾸로 하여 붙인 후 상부에 덧대고 겹침이음을 하여 홈이 파진 문양 부분만 노출되도록 한다.

· 바닥면에 습기가 있거나 기온 10℃ 이하에서는 작업을 중지한다.

· 용마루 시공 시 양쪽에서 올라온 쉬글은 끝면에 접착제를 완벽하게 발라 습기 유입을 막는다. 시공 시 꺾이거나 부러지는 일이 없도록 하며, 빗물이 스며들지 않도록 한다.

· 시공 후 쉬글에 적합한 실란트를 사용하여 마무리 작업을 철저히 한다.

아스팔트 쉬글로 마감한 지붕

1·2 클래식 스타일의 박공지붕

3·4 모던 스타일의 외쪽지붕

5·6 모던 스타일의 평지붕

5. 고건축 지붕

현대건축에서는 기술과 재료의 발달로 건축물의 형태를 다양하게 구현하는
것이 가능하다. 반면, 가구식구조인 고건축에서의 지붕 형태는 시대와 사용하는
용도에 따라 달리하였다

① 맞배지붕

맞배지붕은 책을 펼쳐 세워 놓았을 때의 모양과 유사한데 고려시대 건축물과
사찰, 궁궐의 행각, 살림집의 대문칸 등에서 주로 사용되었다. 조선시대의
맞배지붕은 고려시대와 달리 측벽을 빗물로부터 보호하기 위해 풍판이 설치된
것이 변화된 모양이며, 현대건축에서는 박공지붕이라고 부른다.

② 팔작지붕

고려시대 후기부터 지어지기 시작해 조선시대에는 궁궐의 정전 등 권위건축의
지붕구조가 대부분 팔작지붕이며, 고급의 살림집에도 많이 쓰였다.

규모가 있는 살림집에는 안채와 사랑채, 별채 등으로 공간을 나누어
배치하였는데, 채에 따라 지붕구조를 달리하기도 하였다.
살림집의 안채, 사랑채는 팔작지붕과 우진각지붕이 많으며 초가집, 성곽의
누각에도 우진각지붕이 주류를 이뤘다. 이외에도 휴식을 위한 공간인 정자는
방형의 사모지붕, 육각형의 육모지붕, 팔각의 팔모지붕 등이 있는데, 이러한
지붕의 형태를 현대건축에서는 모임지붕이라고 부른다.

채 - 팔작지붕

안사랑채 - 맞배지붕(현대건축
에서는 박공지붕으로 부른다)

사랑채

광채 - 우진각지붕(현대건축에
서는 모임지붕으로 부른다)

1 맞배지붕 - 수덕사 대웅전 / **2** 맞배지붕 - 개심사 대웅전 / **3** 팔작지붕 /
4 초가의 우진각지붕 - 양동마을 / **5** 팔작·우진각·맞배지붕으로 구성된 아산 성준경가옥

홈통공사

홈통(gutter)은 지붕에 떨어진 빗물을 받아 지상으로 흘러 내리도록 하는 것이다.
구성은 처마홈통, 깔때기홈통, 장식홈통 및 선홈통으로 구성된다. 홈통에 사용되는 재료와
색상은 입면을 고려하여 시공되도록 하며, 주로 사용되는 재료는 동판(0.35~0.6mm),
컬러강판(0.35, 0.5mm), 스테인리스스틸(1.2~1.5mm) 등이 사용된다.

1_ 재료

① **처마홈통** - 건물의 처마 바깥에 수평으로 댄 홈통을 처마홈통이라 한다. 비샘에 하자가
생겨도 건물에 직접 피해를 주지 않고 간단히 수리할 수 있으므로 실용적이다. 1/100 이상의
물 흘림 경사와 물고임이 없도록 한다.

② **깔때기홈통** - 처마홈통과 선홈통을 연결하는 깔때기 모양으로 된 홈통이고 각형 또는
원형으로 한다. 이것은 구부린 부분이 떨어지기 쉬우므로 주의하여 설치하며, 처마홈통
낙수구를 위에 끼우고 밑을 선홈통 또는 장식통에 깊이 꽂는다.

③ **상자홈통**(장식홈통) - 장식홈통은 처마홈통 낙수구
또는 깔때기홈통을 받아 선홈통에 연결하는 것으로서
장식을 겸한다. 모양은 각형 또는 원형으로 하며, 별도로
제작을 하여 장식적으로 만들기도 한다. 시공 방법에
따라 깔때기홈통 아래 설치하는 장식통은 생략하기도
한다.

처마홈통
깔때기홈통
장식통

홈통걸이쇠

선홈통

장식통 없이 설치된 홈통

홈통 명칭

④ **학각** - 선홈통에 연결하지 않고 처마홈통에서 직접 밖으로 빗물을 배출시키기 위한 것으로 모양이
학두루미형으로 장식하고 끝은 뚜껑을 정첩식으로 하여 열리게 되어 있다. 주로 전통건축인 한옥에 처마를
깊게 할 목적으로 기와 끝에 덧대어 설치한다.

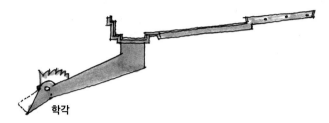

학각

⑤ **지붕골홈통** - 지붕홈통은 골에 맞추어 거멀접기 또는 납땜, 용접하고 양 옆은 치켜 올려 지붕재 밑에 깊이 물린다.
또한 골의 나비는 빗물이 넘지 않도록 충분한 크기로 한다.

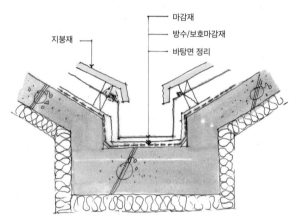

지붕골홈통

⑥ **흘러내림홈통** - 이층 선홈통을 받아 일층 지붕 위를 타고 내려
1층 처마홈통 또는 선홈통에 연결하는 홈통으로 보통 위가 열린
각형으로 한다.

⑦ **선홈통** - 강우량에 따라 지름 및 개소를 정한다. 상, 하 이음 시에는
5cm 이상 내려 꽂고 납땜 또는 스테인리스의 경우 빈틈없이 전체를
용접한다. 선홈통걸이는 0.85m~1.2m 정도로 나누어 고정한다.

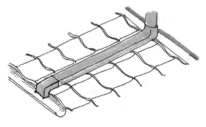

흘러내림홈통

선홈통이 받을 수 있는 지붕 면적

선홈통 지름	선홈통 개소당 받을 수 있는 최대 수평 지붕 면적
75mm	139m²(41.66평)
100mm	288m²(86.11평)
150mm	502m²(150.00평)

※ 위 선홈통 개소당 빗물을 받을 수 있는 면적 규정은 기술서적에 기록된 내용으로 요즘 기후 변화에 따른 시간당 내리는 강우량이 많아 홈통의
　크기와 갯수는 여유있게 설치한다.

2_ 시공 시 유의 사항

· 처마 마감면과 만나는 곳은 상부링을 끼워 드레인 주위 마감이 미려하게 한다.

· 상부는 완전히 끼우고 하부는 나사로 단단히 고정하여 탈선되거나 바람에 흔들리지 않도록 한다.

· 선홈통 하부는 물 떨어지는 소음이 있을 수 있으므로 홈통 주변 창문 위치 조정과 소음을 줄일 수 있도록 별도의 보완 작업이 필요하다.

· 북쪽에 홈통을 설치할 경우 겨울에는 홈통 아래로부터 내린 눈이 쌓여 얼어서 막힐 수 있기 때문에 가능한 북쪽이 아닌 햇빛을 받을 수 있는 위치에 홈통이 설치되도록 하며, 홈통 맨 아래 부분은 빗물받이맨홀 또는 지면으로부터 일정 부분 띄워 설치하도록 한다.

1 선홈통 설치 전까지 빗물을 유도하기 위한 임시 호수 설치

2 선홈통 주변 두께 15mm 열반사단열재 보완 작업

3 벽돌 마감면보다 선홈통이 돌출되지 않도록 설치하였고, 홈통 사이 공간에는 우레탄폼을 충진하여 단열 보완

4 충진한 단열재가 굳은 후 실리콘 마감(벽돌 줄눈 색상 고려)

5 스테인리스 고리를 이용한 선홈통 - 맨 아래 첨부

제12-1장
상량식

건축물의 지붕 구조공사를 완료할 때 건축주가 좋은 날을 택하여 고사를 지내는 경우가 있는데,
이것을 상량식이라고 한다.

한옥의 경우 기둥을 세우고 대들보를 올릴 때, 현대식 구조에서는 지붕공사 전후로 해서 상량식을 거행한다.
상량판에 넣는 글은 집주인이 별도의 글을 새겨 넣기도 하고, 일반적인 축원문을 넣기도 한다.
음식은 떡, 술, 돼지머리, 북어, 백지 등을 마련하여 주인·목수 등 여러 사람들이 모여 새로 짓는 주택에
가족의 건강과 평안함을 기원하는 마음으로 지신과 택신에게 제사 지내고 참석자가 모두 모여 축연을 베푸는
행사이다. 상량날에는 대개 공사를 쉬고 이웃에 술과 떡을 대접한다.
지금은 현대주택이 주류를 이루면서 상량식 정도만 치르거나, 생략되기도 하지만 예전 선조들이 집을 지을 때
고사를 지내는 의식은 집 짓는 과정에 있어 중요한 일이었다고 한다. 그러나 현대에는 이러한 행사를 종교에
따라 의미를 달리 생각하는 듯하다.
옛 문헌을 보면 고사를 미신이 아닌 우리 민족만의 관습적 문화로 표현하고 있다. 집을 짓는데 고생한 일꾼들의
노고를 위로하고 이웃들과 가까이 할 수 있는 나눔의 자리로 여긴 것이다. 집주인에게는 새집에서 온 가족이
편안하게 살 수 있도록 기원하는 마음을 담아 치루는 행사라는 의미를 부여해 보면 이 또한 즐거운 일이 될 수
있지 않을까 생각해 본다.

1 상량식 행사를 위한
상차림(상량판은 건축주가
준비하였다)

2 초헌 제례

3 아헌 제례

4 종헌 제례

5 독축(축문 읽기)

6 제례를 마치고 건축주와 마을 주민들이 함께 참석하여 음식과 막걸리로 이야기 꽃을 피우고 있다.

7 협력업체 사장과 관계자가 모여 좋아하는 술과 고기를 맛나게 드시고 계신다. 더 기분 좋은 건 술이 아닌 돼지머리에 꽂혀 있는 OO때문인 듯도 하다.

이천 사랑방 주택 상량식 축문

서기 0000년 00월 00일 00시 00분
경기도 이천시 00면 00번지 소재 주택 신축 현장의 상량식 행사에 건축주와
여러 내외빈 분들께서 참석해 주시어 감사드립니다.
지금부터 건축주님, 그리고 여러 분들께서 지켜보시는 가운데 하늘에 계신
천신, 지하에 계신 지신, 물속에 계신 수신을 모시고 제를 올리려니
강림하시어 저희의 정성을 받아 주옵소서.
현재 공사의 공정률은 전체공사의 40% 정도 진행되고 있으며, 목적된 대로 공사가
잘 마무리 되어 건축주 내외분과 가족들이 주택에서 생활하시는 데 건강하고
행복한 생활을 영위할 수 있도록 도와주옵소서.
간소하나마 여기 맑은 술과 안주를 준비하였사오니 부디 흠향하시고
저희의 기원을 거두어 주시옵소서.

- 서기 0000년 00월 00일 공사책임자 000 外 일동

※ 나무와 흙을 이용하여 집을 짓던 예전에는 여러 차례의 고사를 지냈다고 한다.
　집을 지으면서 맨 처음 개기식을 지내는데 토지를 주관하는 지신에게 그 땅을 이용한다는 것을 알리는 텃고사와 대목들이 공사의 시작을 알리는
　모탕고사를 좋은 날을 택하여 함께 지냈으며, 텃고사는 집주인이, 모탕고사는 대목들이 주관하여 치루었다고 한다.
　땅을 다지고 기둥을 세우기 위해 초석을 놓을 때는 정초식을, 기초공사 후 첫 기둥을 세울 때는 입주식을 거행한다.
　가구식 구조인 한옥에서 기둥을 세우는 일은 중요한 의미가 있기 때문에 상량식과 같이 음식을 차려 놓고 행사를 치루었다고 한다.

제13장
단열 및 미장공사

1_ 단열 및 미장 보완 작업

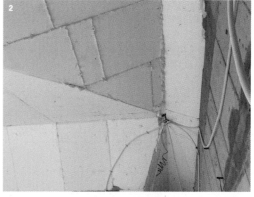

1 천장 단열재 우레탄폼으로 단열 보완

2 전기배관 배선 작업 : 내장 목공사 작업이 시작되면서
전기, 통신 배선 작업을 병행하며, 내부 마감공사 과정에
형태의 변화가 있을 수 있으므로 관련한 전기 배선
작업에 문제없도록 한다.

3 내부 목공사 작업 전 방수, 단열 보완 및 시멘트 벽돌
쌓기와 미장 작업(작업 전 나무 부스러기 등 이물질
제거) 및 단열 보완

5 옹벽핀 제거 완료

2_ 지붕 합각 부분 단열재, 방수지 보완 작업

1 단열재 반입(비드법 1종 단열판 1호)

3 지붕 합각 부분 벽돌공사 전 단열재 설치(두께 140mm)

4 단열재 설치 후 우레탄폼으로 틈새 메꿈 처리

5 방수 시트지(TYVEK) 부착 : 벽돌 줄눈을 통해 소량의 빗물이라도 스며들 수 있으므로 이때에는 방수시트지 바깥으로 배출되도록 하기 위한 것이다.

제14장
벽돌공사

흙으로 구운 벽돌은 오랫동안 각종 구조물과 건물에 사용되어 왔다. 최근에는 여러 색상이 표현된 다양한 벽돌이 만들어지면서 건축물의 마감재료로 폭넓게 사용되고 있다. 집을 짓기 위한 과정 중에 외벽 마감재를 결정하는 일은 건물의 모양에 있어 중요한 부분이므로 여러 사항 등을 종합적으로 검토하여 결정하도록 한다.

· 설계 과정에서 표현하고자 하는 조건에 어울리는 재료인가
· 건물의 형태에 조화될 수 있는 색상과 질감인가
· 건축주 의견 및 예산에 맞는 적정한 재료인가
· 시공성과 하자 가능성, 관리의 최소화에 적합한 재료인가
· 오랫동안 세월이 흘러도 변함없이 유지될 수 있는가 등

벽돌공사는 마감공사의 시작과 동시에 외부 마감을 이루는 중요한 공종으로 창호를 설치 전에 시공을 한다.
벽체의 구성은 구조벽 → 단열재 → 공간층 → 치장벽돌로 형성된다. 벽돌벽이 구조체를 화재 등으로부터 보호하며
차음의 역할을 하기도 한다.

시공 순서
1 청소 ▶ 2 벽돌 물 축이기 ▶ 3 건비빔 ▶ 4 세로규준틀 ▶ 5 벽돌 나누기 ▶ 6 규준 쌓기 ▶
7 수평실 치기 ▶ 8 중간부 쌓기 ▶ 9 줄눈 누름 ▶ 10 줄눈 파기 ▶ 11 치장 줄눈 넣기 ▶ 12 보양

1_ 시공

1 벽돌 선정을 위한 공장 방문길. 멀리 벽돌공장 굴뚝이 보인다 2 벽돌 공장 전경

3 벽돌 선정을 위한 현장 내 샘플 전시

4 콘크리트 기초공사 중 벽돌 시공을 고려하여 콘크리트 덧살 설치와 지면에 면한 벽면 주변의 방수 목적을 위해 아스팔트 방수제 시공

5 재료 반입, 고벽돌(215x115x57)은 중국에서 수입하는 벽돌이다. 약 100년 정도된 헌집을 헐어 나오는 벽돌을 손보기 작업을 거쳐 들여온다고 한다. 따라서 들여오는 시기와 지역에 따라 품질과 색상, 질감이 다르므로 구입 시에는 이를 주의하여 선택한다. 고벽돌의 장점은 빈티지하고 자연스러움을 느낄 수 있는 것에 반해 강도가 약하고 규격이 조금씩 달라 시공 시 작업자의 능력에 따라 품질이 달라질 수 있다. 흡수율이 높아 창호 주변에 빗물 유입이 없도록 하는 세밀한 작업이 요구된다. 치장벽돌은 쌓기 전에 그 흡수성에 따라 적절히 물축이기를 하여 쌓고 시멘트벽돌은 쌓기 전에 물축이기를 하지 않는다. 사용수량 계산 시 소요량(정미량+할증 3%) 외에 고벽돌은 오래된 벽돌로 강도가 약해 손실량이 증가될 수 있고, 양호한 벽돌로 선별하여 사용할 경우라도 그 양이 더 필요하므로 이를 고려하여 재료를 구입하도록 한다.

6 벽돌쌓기용 미장용 레미탈(시멘트와 모래가 혼합된 시멘트) 사용, 모르타르는 쌓기에 지장이 없는 유동성이 확보되도록 물을 가하여 충분히 반죽하여 사용한다. 가수 후 2시간 이내에서 유동성이 없어진 모르타르는 다시 가수하여 원래의 유동성을 회복시켜 사용한다.

8 벽돌 고정철물 설치를 위한 'ㄷ'형 고정철물 구조벽에 고정

9 고정철물에 연결재 설치

10 연결재는 쌓는 모르타르면에 설치된 수평철물에 고정(벽돌 연결철물 설치 기준 - 높이 6단(40cm), 수평거리는 90cm를 초과해서는 안된다.

11 벽돌 위 모르타르 시공 - 벽돌쌓기 시 모르타르는 일정한 두께로 충분하게 평평히 펴 바르고 벽돌을 내리 누르는 듯하게 규준틀과 벽돌 나누기에 따라 정확히 쌓는다.

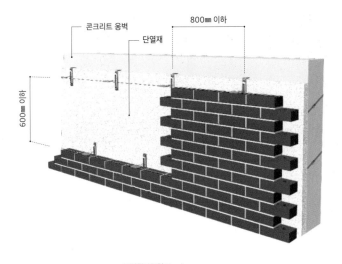

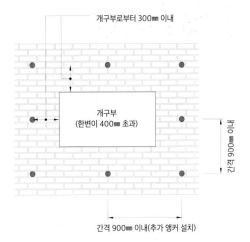

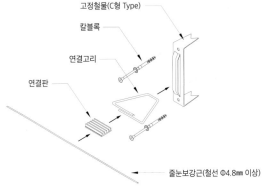

치장벽돌 고정 철물 내진 상세도

※ 점토벽돌 강도시험

벽돌은 1종과 2종으로 나눈다. 1종은 내외부용, 2종은 내장용으로만 사용 가능하다. 재료의 품질 시험 기준 - 흡수율(1종 - 10% 이하, 2종 - 15% 이하), 압축강도(1종 - 24.5Mpa 이상, 2종 - 14.7Mpa 이상)

1 세로규준틀은 벽돌, 블록, 돌쌓기 등의 고저 및 수직면을 기준하기 위해 설치

2 벽의 모서리마다 세로규준틀 설치(벽돌나누기를 표시하여 일정한 줄눈 높이와 토막 벽돌이 나오지 않고 정연하게 시공되도록 한다.)

3 벽돌쌓기 시 땅 속에 묻히는 벽돌은 시멘트 벽돌로 시공하며(비용 절감 목적), 모서리 등 규준이 되는 위치의 벽돌을 먼저 쌓고 전체적으로 균일한 높이로 쌓아 올라간다. 1층 바닥 콘크리트 이어치기한 부분과 지면 속에 매립되는 부분의 방수를 위해 벽돌쌓기 전 아스팔트 방수제 시공과 선홈통 주변에 단열 보완을 위한 열반사단열재와 우레탄폼 보완

※ 단열공법 비교
 · 외단열 : 구조체 외측에 설치하는 공법으로 단열 효과가 가장 우수하다.
 · 중간단열 : 구조체 공간에 설치하는 공법으로 외단열 다음으로 효과가 있으며, 단열재 연결부 처리에 유의해야 한다.
 · 내단열 : 구조체 내부에 설치하는 공법으로 단열 성능이 약하고 내부 결로 발생의 우려가 있다.

벽돌공사 - 2일차

1 벽돌은 각 부분이 가능한 평균한 높이로 쌓아 돌아가고 일부 또는 국부적으로 높이 쌓지 않는다(시공 중 스테인리스 선홈통에 흠집 방지 위한 비닐 보양).

2 1일 벽돌쌓기 높이 1.2m(17켜)~1.5m(20켜) 이하로 해야 하지만 재래식 구운 흙벽돌(강도 약함)임을 고려하여 쌓는 높이를 1.1m(15켜)로 시공

3 고벽돌 규격(210~230x90x57/m2당 49장 소요) 표준형 벽돌(190x90x57/m2당 75장)

4 벽돌쌓기 시 모르타르가 벽돌 쌓는 표면에 떨어지지 않도록 한다. 또한 벽돌쌓기 직후 모르타르가 굳기 전 벽돌면에서 10mm 정도 깊이로 줄눈 파기를 한다.

5 직각으로 만나는 벽체의 한편을 나중에 쌓을 때는 층단 떼어쌓기로 하는 것을 원칙으로 한다. 먼저 쌓은 벽돌이 움직일 때에는 이를 철거하고 청소한 후 다시 쌓는다.

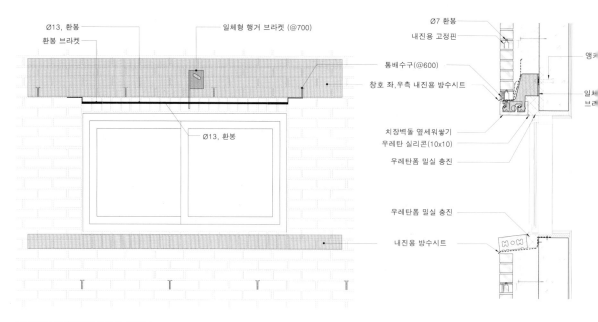

Ø13, 환봉
환봉 브라켓
일체형 행거 브라켓 (@700)
Ø7 환봉
내진용 고정핀
앵커
통배수구(@600)
창호 좌,우측 내진용 방수시트
일체
브래
Ø13, 환봉
치장벽돌 옆세워쌓기
우레탄 실리콘(10x10)
우레탄폼 밀실 충진
우레탄폼 밀실 충진
내진용 방수시트

치장벽돌 창호 주변 입·단면 상세도

※ 치장줄눈 등으로 침투된 물기를 창 상부에 비흘림재를 설치하여 외부로 배출되도록 한다.

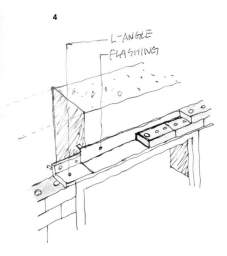

1 도면 하부 첨부 - 아연용융도금 L형 앵글 구조체에 고정
2 아연환봉에 벽돌을 가지런하게 끼워 쌓은 후 고정된 L형 앵글에 결속
4 창상부 벽돌 지지용 철물 및 플래싱 입체도
6 벽돌 줄눈 시공

벽돌공사 - 3일차

2 합각 부분 벽돌 양중
3 벽돌쌓기 시 모르타르는 일정한 두께로 충분하게 평평히 펴 바르고 벽돌을 내리 누르는 듯하게 규준틀과 벽돌 나누기에 따라 정확히 쌓는다.

벽돌공사 - 4, 5일차

1 쌓기가 완료된 벽돌은 어떠한 경우에도 움직이지 않도록 한다. 쌓은 후 12시간 동안은 등분포 하중을, 3일 동안은 집중하중을 받지 않도록 한다. 또한 모르타르가 완전히 경화될 때까지 진동, 충격 및 횡력 등의 하중이 가해지지 않도록 한다.

2 후면부 박공 부분

3 벽돌 시공 중 또는 시공 후 3일 이내에 비가 올 염려가 있을 때는 비닐 등으로 보양한다.

4 시멘트 벽돌 쌓기는 통줄눈을 피하고 막힌줄눈으로 시공한다. 통줄눈으로 쌓을 때는 긴결철물로서 보강 작업하며, 불가피하게 통줄눈으로 시공할 경우에는 벽돌에 모르타르를 충분히 얹어 시공하는 것을 원칙으로 한다. 시멘트 벽돌은 모르타르 접촉 부분만 적당히 물축이기를 하고, 사전 물축이기를 하지 않는다.

벽돌 쌓기 완료 - 동, 북쪽 입면

남, 서쪽 입면

2_ 벽돌 줄눈 넣기

1 재료 반입 : 조합 모르타르인 발수성 줄눈제 사용

2 재료배합 : 배합기계를 이용하여 줄눈 시멘트에 물을 적당량을 부어가면서 배합

5 줄눈용 흙손(고대기)

7 줄눈 시공은 흙손으로 충분히 밀실하게 밀어 넣어 수밀하고 일매지게 마무리 한다. 줄눈은 상부에서 하부로 시공하고 수직줄눈을 넣은 후 수평줄눈을 넣는다. 벽돌의 줄눈 너비는 재료별 특기시방을 적용하며, 표준형 벽돌의 줄눈 두께는 10mm, 깊이는 6mm로 한다. 선홈통 설치 전 우로에 줄눈 오염 방지를 위한 임시 호수를 설치하여 배수되도록 한다.

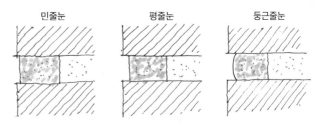

치장줄눈 종류(주로 사용되는 줄눈 형태만 표현)
치장벽돌 줄눈은 평줄눈 형태가 가장 많이 사용된다.

3_ 백화현상 및 방지 대책

백화란 시멘트를 사용하는 건축물의 외벽면에 백색의 물질이 발생되는 경우가 있는데, 이를 흔히 백화라고 한다.

1. 백화의 종류
① 1차 백화
모르타르 배합 시 발생하는 것으로 물 청소와 빗물 등에 의해 쉽게 사라진다.

② 2차 백화
시공 중이나 완료 후 외부로부터 스며든 수분에 의해 발생하는 백화
· 창호 주위 부실 공사로 인한 빗물 침투
· 파라펫 상부 줄눈 시공 시 줄눈을 통한 빗물 침투
· 시공 중 빗물 등이 벽돌 내부에 침투
· 벽돌면 크랙에 의한 빗물 침투
· 쌓기 모르타르 혹은 치장줄눈 부실 시공에 의한 빗물 침투

2. 백화 방지 대책
일단 표면에 석출된 백화 성분은 공기 중의 이산화탄소와 결합하여 단단한 탄산염을 형성하게 된다. 이러한 백화현상은 빗물 등에 의해 쉽게 지워지기도 하지만 일시적으로 사라지는 현상에 불과하므로 벽돌공사 시에 세심한 주의가 요구된다.

① 벽돌면에 직접적으로 빗물이 떨어지지 않도록 고려한다.
② 벽돌과 벽체 사이 공간층을 두어 줄눈 통풍구를 통해 공간층 속이 건조되도록 한다.
③ 모르타르 혼합 시 깨끗한 물을 사용한다.
④ 해사 사용 시에는 백화 가능성이 크므로 강모래를 사용하도록 한다.
⑤ 장마철이나 겨울 또는 그늘진 북향면은 수분 증발이 빠르지 않고 적당히 증발되어 백화 성분이 표출되기 쉬우므로 공사 시기와 위치에 따라 품질 관리가 요구된다.
⑥ 벽돌 쌓기 모르타르는 가로, 세로 모두 치밀하게 채워 시공하고 시멘트물이 벽돌 표면으로 흘러내리지 않도록 주의한다.
⑦ 치장줄눈은 깊게, 밀실하게 채우고 방수 효과가 있는 줄눈시멘트를 사용하는 것이 좋다.
⑧ 파라펫 상부를 플래싱(Flashing)으로 덮어 주거나 콘크리트 인방으로 보호되도록 설계한다.
⑨ 창호 혹은 타 재료와의 접착 부분은 완벽한 방수 처리가 되도록 한다.
⑩ 치장줄눈이 굳기 전에는 빗물 등으로부터 보호되도록 한다.
⑪ 벽돌쌓기 완료 후 물청소는 충분히 건조 후 맑은 날에 한다.

※ **석출** - 고체 표면에 주위로부터 어떤 물질이 부착·응집하는 것

4_ 발수제 칠

외부 치장벽돌 줄눈 작업이 완료되면 줄눈 시멘트면이 충분히 건조된 후 발수제 칠을 한다.
발수제란 물은 차단하고 공기는 통한다는 뜻이며, 발수제를 칠하는 이유는 노출된 벽돌
줄눈 속으로 빗물의 침투로 인한 오염을 막기 위함이다.
그러나 발수제가 빗물로부터 벽돌 표면을 완전히 보호할 수 없기 때문에 오염 방지를
위해서는 창호 상부, 파라펫 두겁 부분 등에 대한 플래싱 설치 작업이 필요하다.

외벽 재료를 보호하기 위해서는 가능한 설계 과정에 처마 또는 지붕을 외벽면 보다
돌출되도록 하여 빗물로부터 벽돌면이 보호되도록 하는 것이 가장 손쉬운 방법이 될 수
있다.

1 발수제 도포 위한 주변 비닐 보양
작업

2 줄눈 시멘트가 충분히 건조된 후
1회 도포와 도포된 용액이 완전히
건조되기 전 2차로 추가 도포하며,
도포 후 20℃에서 5~6시간 동안
물이나 습기로부터 보호되도록
한다(시공 방법은 재료별
특기시방서 적용).

3 벽돌공사 완료 전경

제14-1장
외단열시스템공사

외단열시스템(EIFS : Exterior Insulation & Finish System)은 건물의 외부 벽을 단열재로 감싼 후 도장 등의 재료를 사용하여 마감하는 것으로 건축물의 단열성이 우수하여 에너지 효율이 높은 시공 공법이다. 주로 외벽 구조 벽에 스티로폼(EPS)을 취부한 단열재 위에 갈라짐과 견고함을 확보하기 위해 매쉬를 붙인 후 마감용 재료를 바르는(스타코) 형태로써 재료에 따라 부르는 명칭이 다양하다.

1_ 제품의 종류

주로 예전에 사용되던 재료로 드라이비트(회사명)가 있다. 공사 비용이 적게 드는 것이 장점인 반면, 질감이 단조로운 단점이 있다. 이러한 단조로움을 보완한 다양한 질감과 문양 재료의 통기성과 신축성을 높인 여러 제품이 있다. 시공 방법은 제품마다 조금씩 차이가 있으나 주요 과정은 유사하다.

① 시공 시 주의 사항
· 기온 4℃ 이상에서 시공한다.
· 물이 고일 수 있는 바닥 표면, 파라펫 상단 부분 등에는 사용하지 않는다.
· 시공 중 재료 부족 또는 넓은 면적으로 1일 내 시공이 어려울 경우에는 모서리 면에서 나누어 시공되도록 한다.
· 뿜칠 시공 시에는 부분적으로 두껍거나 얇지 않도록 일정한 속도와 간격으로 작업하며, 중첩 부위에서 이색 현상이 발생되지 않도록 주의하여 시공한다.

※ 스타코(스터코)란 아크릴 에멀젼을 주제와 규사 등으로 표면의 질감(texture)을 표현한 마감공법으로 바르는(미장) 방식과 뿜칠형이 있다. 사전적 표현의 스타코란 "OO에 치장 목적의 회반죽을 바르다."

2_ 시공

1 단열재(EPS) 반입

2 단열재 틈새는 우레탄폼을 사용하여 단열 충진 및 타이핀 제거 후 주변 청소

3 단열재 규격 (W-600 x D-1200 x T-135) 비드법 보온판 가등급 2종 2호 중부2지역

4 단열재 설치 : 스티로폴 전용 본드를 사용하여 부착한다. 단열재의 장방향이 수평방향으로 놓이도록 하고 모서리 부분은 단열재간 엇갈리게
설치한다. 단열판 1개당 최소 6면 이상의 접착 본드를 붙여 시공한다.

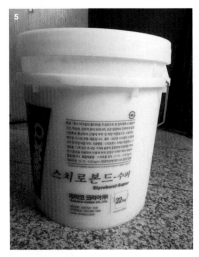

5 단열재 부착용 본드

6 단열재 재단 작업

7 단열재 설치 후 미장용 모르타르는 시멘트+스티로폴 전용 접착제+맑은 물(1:1:1)을 배합하여 사용한다. 단열보드 이음 부분에 조인트 테이프 부착 및 메꿈 퍼티 작업을 한다. 크랙을 방지하고 표면 시공의 완성도를 위해 접착 모르타르를 전체적으로 바르면서 화이버메시(일반메시)를 합침시키며, 이음 부분은 최소 50mm 폭으로 겹치도록 중심에서 가장자리로 시공한다.

8 지면(G.L)에서 일정 높이까지는 강도 유지를 위해 보강메시 설치

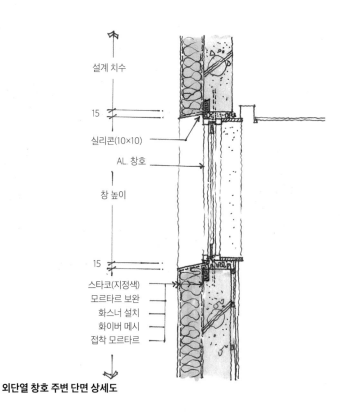

외단열 창호 주변 단면 상세도

9 모르타르 작업 후 24시간 이상 양생 과정을 거쳐 단열재를 구조체에 고정하기 위한 전용 화스너(앙카)를 단열재 당 5개소 이상 구조체에 고정한다. 단열재 부착 후 풍압 등을 고려한 추가적인 보강 작업을 한다.

10 창 상부에는 빗물이 침투되지 않도록 역경사 처리

11 지면과 접하는 부분에는 재료의 깊이감을 주어 오염과 손상을 대비한다. 모서리에는 수평, 수직선을 강조하기 위한 외단열 전용 코너비드 설치

12·13 화스너 고정 후 평활도가 확보되도록 모르타르 보완 작업을 한다.

14 외벽 마감을 고려한 파라펫 두겁 부분 선 모르타르 작업

15 24시간 양생 후 마감재를
전체적으로 고르고 얇게
바른다(미장 또는 뿜칠).

16 마감재(바르기용)

17 2차 마감재 시공

18 재료별 특기 시방서에 의한
마감 두께 시공

19 창틀에 오염이 되지 않도록
비닐 보양

20 마감면이 고르게 되도록
미장 작업을 한다.

영종도 근·생 복합주택
CM : 웰하우스 종합건축사사무소
설계 : 동방건축사사무소

제15장

칠공사 처마

도장공사라고도 하며, 목부·금속면 또는 회반죽면 등에 도료를 칠하는 것을 말한다.

1_ 도료의 분류

칠은 그 성능의 도막 형성 요소에 따라 분류되는 것이 보통이지만 성질, 모양 등에 따라 다음과 같이 분류한다.

1. 페인트
① **유성페인트** - 오일페인트라고도 하며 내수성이 좋아 건물의 외벽 등에 사용한다. 수성페인트보다 늦게 마르며 냄새가 난다. 휘발성 용제(신나)로 희석하여 사용한다.(용도 - 목재, 금속)
② **에나멜 페인트** - 도막이 견고하고 착색이 선명하며, 내수성·내후성이 우수하다. 페인트와 바니쉬의 중간쯤 된다.(용도 - 옥내·외 목재, 금속)
③ **수성페인트** - 물로 희석해 사용하는 도료이며 냄새가 없다. 대부분 흰색이므로 색을 내고자 할 때는 수성 조색제나 아크릴 물감을 사용한다. 오염 물질을 제거한 뒤 물을 뿌려 씻어내고 완전히 건조된 후 페인트 칠을 한다. 바르기 쉬우며, 도막은 광택이 없고 빨리 건조된다. 또한 독성과 화재 위험성이 없어 저공해 도료로 사용된다.(용도 - 모르타르면, 석고보드, 목재, 벽지)
④ **합성수지도료** - 고성능을 가진 인공화합물이고 이것을 주체로 하여 만든 도료를 합성수지도료라고 한다.
⑤ **색올림(stain)** - 염료를 넣은 용액을 목재면에 칠하여 착색하는 것을 말한다. 이것은 나무결이 나타나도록 하고 목재를 미화하며, 내구성을 증가시킨다.

2_ 도구별 시공 방법

① **솔칠** - 모임, 흘림, 거품이 생기지 않도록 시공한다. 도장 속도가 늦기 때문에 적은 면적, 협소한 공간에 사용한다.
② **롤러칠** - 넓은 면적에 적용하고 도막 두께의 가감이 곤란하다.
③ **뿜칠**(에어 스프레이)
· 거리를 30cm 두어 평행 이동 칠하는 것으로 1/3을 겹치게 시공한다.
· 도장할 때의 점도가 낮기 때문에 살 오름이 좋지 못하지만 콘크리트 기포(일명 물 곰보) 속까지 뿜칠이 되어 미려한 도막을 얻을 수 있고, 도장 속도가 빨라 폭넓게 이용된다.

※ **조합페인트** : 도장에 직접 사용할 수 있도록 각 재료를 알맞게 배합하여 제조된 도료
· 에멀전페인트 : 수성페인트에 합성수지와 유화제를 섞은 것으로 수성페인트와 유성페인트의 특징을 겸비해 실내·외 어느 곳에도 사용 가능하며, 수성페인트의 일종이다.

3_ 시공 시 유의 사항

· 도장 재료의 초벌바름, 정벌바름, 신너 등 용제는 동일 회사 제품으로 한다.
· 재료는 화재의 위험성이 없는 곳에 보관하며, 수성페인트 등은 직사광선에 장시간 노출시키거나 동해를 입을 한랭한 장소에 보관해서는 안된다.
· 소정의 도장 횟수를 확인하며, 시공 시 횟수별 색상에 차이를 두고 시공하면 확인이 용이하다.
· 정벌칠은 타공정 작업이 모두 끝난 후 최종적으로 하는 것이 오염을 방지하는 데 효과적이다.
· 기후에 따른 변색 등이 발생하지 않도록 우기, 동절기 시공 시 특히 유의한다.
· 페인트 색상은 반드시 구입처에서 조합해 사용하도록 한다.

4_ 시공

시공과정

1 바탕 건조, 양생(28일 이상) ▶ 2 오염 부착물 제거 ▶ 3 구멍메꿈(퍼티) 후 24시간 건조 ▶
4 연마 작업 ▶ 5 초벌칠 ▶ 6 퍼티 바름 ▶ 7 연마 작업 ▶ 8 재벌칠 ▶ 9 연마 작업 ▶ 10 정벌칠

1 모르타르면 시공 초기에는 모체면에 다량의 수분과 알칼리성을 함유하고 있어, 도막의 변색이나 박리 등을 일으킬 수 있으므로 통상 온도 20℃를 기준으로 가능한 30일 이상 충분히 건조시키고 함수율 6% 미만에서 시공하도록 한다.

2 연마 작업 : 퍼티, 칠 작업 후 건조시킨 다음에 연마지로 닦아낸다. 필요에 따라 2~3회 반복하여 칠한 면을 평활하게 한다.

3 정벌칠 작업 완료(외부용 수성페인트)

4 도장 주변 오염 부분 제거

5 청소

6 시공 완료

※ 철재면 시공

· 철재 도장 면의 품질 확보를 위해서는 녹을 깨끗히 제거하는 것이 중요하다.
  녹슨 철재면 위에 도장을 하면 내부에서 계속 산화 작용이 진행되어 도막이 갈라지거나 떨어지게 된다.
· 철재부의 요철은 그라인더 등으로 갈아내고, 찍힌 부위는 철부용 퍼티로 면을 메꾸고 매끄럽게 한다.
· 이슬이나 성에, 서리 등이 없는 건조 상태에서 시공하여야 한다.
· 철재면은 붓으로 칠하는 것을 원칙으로 한다.

칠공사 완료 전경

※ **철재면 칠 시공 과정**
1 바탕 처리 ▶ 2 초벌칠(방청 페인트 - 광명단, 흑연, 주토), 초벌칠 후 도장면의 패임, 균열, 잔 구멍 등의 결함은 퍼티를 주걱으로 얇게 밀어
바르고 건조 후 연마지로 닦아내며, 필요에 따라 2~3회 반복하여 평탄하게 한다. ▶ 3 퍼티 ▶ 4 연마 작업 ▶ 5 재벌칠 ▶ 6 정벌칠

제16장
창호공사

창과 문을 총칭하여 창호라 한다. 창은 주로 채광과 환기의 역할에 쓰이고 문은 사람의 출입 목적으로 사용된다. 주택에서 창호공사는 외부 창과 문, 내부 목재문 등에 대한 작업 공정을 말하며, 설치는 각각 전문업체에 맡겨서 시공한다. 공정 순서는 마감 재료에 따라 창호 설치 시점이 달라지는데 벽돌, 석재, 타일 등의 경우 창틀을 후 시공하며, 금속재 외단열공사 등은 창호 프레임을 선시공한다. 현대 주택에 설치되는 창호는 단열, 방범 등의 기능성과 함께 미려함도 함께 요구된다. 창호공사는 공장 제작과 현장 설치 및 유리, 마감 실리콘 등의 3~4단계로 나누어 시공되는데, 보통 약 10~15일 정도의 제작 기간이 소요되므로 공사의 선·후 공정을 고려하여 발주하도록 한다. 본 주택의 외벽에 설치된 창호는 알루미늄 시스템창(3복층 유리), 금속재로 이루어진 단열 현관문, 보일러실의 단열방화문이다.

1_ 현대건축 창호

기존 미서기 형태의 열리기만 하던 방식에서 기계적인 하드웨어를 적용하여 열리기도 하고 일부만 개폐하여 환기가 되도록 하면서 단열, 방음, 결로, 방범 등의 기능이 가능하도록 하는 창을 시스템창이라고 한다. 주택에서는 주로 미서기(lift sliding) / 턴앤틸트(turn&tilt) / 프로젝트(project) / 터닝도어(turning door) 등의 창호가 사용되며, 이외에도 폴딩(folding door) / 케이스먼트(casement) 등 다양한 형태의 창호가 있다.

2_ 시공

1 창틀 현장 반입 : 손상 및 수량 확인

2 거실 창틀 설치(lift sliding) - 150mm 미서기창, 단열간봉, 불소수지(3coat, color-silver)
· 강제 창 규격이 1.5m 이상의 경우 양측 및 상하 각 세 군데 이상, 길이가 1.5m 미만은 각 두 군데 씩 앵커 철물을 설치하여 고정한다.
· 창틀 사이 공간은 결로 발생이 없도록 모르타르 사춤보다는 우레탄폼을 이용하여 빈틈없이 충진하고 틈새가 넓은 경우에는 단열재를 정밀하게 잘라 밀실하게 끼워 넣은 후 우레탄폼을 사용하여 보완한다.

3 알루미늄 시스템창 / 3복층유리

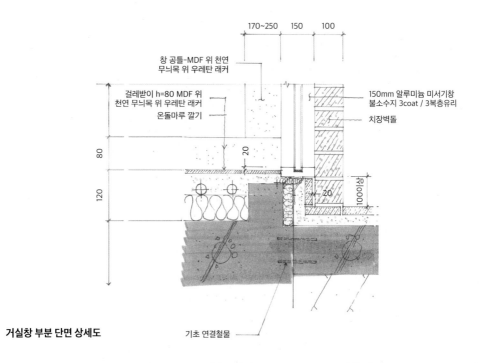

170~250 150 100

창 공틀-MDF 위 천연
무늬목 위 우레탄 래커

걸레받이 h=80 MDF 위
천연 무늬목 위 우레탄 래커

온돌마루 깔기

150mm 알루미늄 미서기창
불소수지 3coat / 3복층유리

치장벽돌

80

20

120

20

1000이상

기초 연결철물

거실창 부분 단면 상세도

창 개폐 형태 : 미서기

4 결로 발생을 줄이기 위한 프레임
주변 열반사단열재 보완

5 턴앤틸트 : 프레임 두께 70mm
유리 설치 전 청소

6 유리 반입 - 31mm 3복층유리 -
5+8A(아르곤가스)+5+8A+ 5Low -
e코팅(내측 유리 외측면), 단열간봉

7 창호 주변 실리콘 작업을 위한 보양
테이프 작업

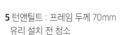

※ 로이유리는 종류에 따라 하드유리(hard low-e, 수입)와 소프트유리(sift low-e, 국내 생산)로 구분하는데 하드유리의 특징은 코팅표면의 경도 및
내구성이 강한 장점이 있으나 코팅막이 탁하여 투명도가 떨어진다는 단점이 있다. 반면 소프트 유리는 하드유리에 비하여 유리의 투명도가 높고 열적
성능이 좋은 장점이 있으나 코팅막의 경도 및 내구성은 떨어지는 단점이 있다. 참고로 유리를 어둡게 하고자 할 때에는 로이 코팅된 유리는 투명유리에
비해 투명도가 약해지므로 이를 고려하여 결정하도록 한다. 국내에서 주로 사용되는 유리는 소프트유리이다.

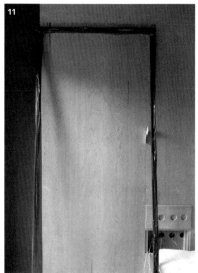

8 실리콘 작업 - 창틀 주변 틈새에 채워 넣은 우레탄폼을 창틀면에 맞추어 깨끗이 잘라낸 후 창호 전용 우레탄 실리콘(15x15)을 시공한다.

9 알루미늄 시스템창 설치 완료

10 현관문 설치 완료, 프레임 - 100mm x 1.6t 전기아연도금강판 / 문짝 - 60mm x 0.8t 스테인리스 발색, 문틀의 밑틀은 스테인리스 강판(STS304)을 사용하여 부식 오염에 보강되도록 하였다. 문틀에 사용한 단열재는 미넬랄울 충진과 문짝 속에는 하니컴과 아이소핑크 단열재로 보강하여 채워져 있다.

11 현관문틀과 벽돌 마감면과의 간격이 커 별도의 금속틀을 제작하여 덧댐 설치

12 외부 보일러실, 정지에 단열용 방화문 설치 - 방화문 틀은 설치 전 미리 사춤하여 세우며, 틀 주변부에는 단열 모르타르를 밀실하게 사춤한다.

13 사춤용 모르타르는 단열성을 높이기 위해 시멘트 모르타르에 단열재 알갱이를 섞어 사용하기도 한다.

본주택 창호
· 사랑방(터닝 도어)
· 회랑(턴앤틸트)

창 개폐 형태 : 턴 앤 틸트

단독주택에 주로 사용되는 창호

① 알루미늄 + 목재(Al wood / 3복층유리) - 알루미늄에 내부에는 원목을 감싼 창이다.

② 알루미늄 시스템창 / 3복층 유리

③ 시스템 도어 - 외부 출입용

④ 합성수지(pvc) 시스템창 / 3복층 유리

⑤ 합성수지(pvc) 2중창

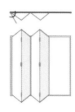

14 AL+WOOD 시스템창

15 시스템 도어

16 접이식 도어(폴딩)

합성수지(PVC)창

플라스틱창 시공시 유의 사항

· 모헤어(바람막이)는 뒷면에 비닐 코팅된 제품을 사용한다.

· 창틀 시공은 고정철물을 사용한다.

· 창틀 하부사춤은 수직·수평 및 휨(bending)을 방지하기
  위하여 창틀 설치 후 즉시 시공하며, 단열 모르타르 또는 우레탄
  폼을 사용한다. 창틀에 사춤이 부실할 경우 레일 또는 롤러
  파손으로 창짝이 탈락될 수 있으므로 사춤을 철저히 하며, 과다
  사춤으로 인한 배부름 현상, 미충전으로 인한 단열 부족, 처짐
  현상이 발생하지 않도록 한다.

합성수지(PVC) 시스템창 / 3복층유리

※ 플라스틱 시스템창은 소재가 합성수지(PVC)로 이루어진 제품으로 표면을 필름지 부착으로 마감한다. 외부 프레임은 태양열 등 기후 영향으로 인한 하자
  가능성이 높아 LG창호에서는 필름지 부착이 아닌 도장 마감으로 생산된다고 한다.

[고건축 창호(살림집 위주로 설명)]

1 우리판문(대청과 뒤란) -
  양동마을 낙선당
2 널판문(중문) - 가일 수곡고택
3 분합창(들어걸개)

한식창의 살창 사이로 비쳐지는 풍경은 계절에 따라 편안함을 제공한다. 고건축에 사용되는 창호는 울거미에 살대를 넣은 살창과 살문, 판문이 있는데 살창은 종이를 한쪽 면에만 붙인 명장지와 양쪽 면에 붙인 맹장지로 나눈다.

한식창 구성은 외부의 바람을 막기 위해 궁궐 건축에는 세 겹의 쌍창, 영창, 흑창을 두었고, 고급의 살림집에서는 두 겹의 쌍창과 영창이 사용되었다. 외벽 바깥의 덧문인 쌍창은 두 짝 여닫이 분합이 일반적이며, 안쪽의 영창과 흑창은 미닫이를 주로 한다. 또한 방 안쪽에는 흑창이 미닫이 되는 부분을 가리기 위해 별도의 틀을 만드는데, 이를 두껍닫이 또는 갑창이라 하며 울거미까지 종이를 감싸 바른다. 여름에는 영창이나 흑창을 빼고 비단 등으로 만든 방충창인 사창을 단다. 방 안에 설치되는 안문에는 큰방을 필요에 따라 나누어 사용할 수 있도록 중간 문을 두기도 하는데, 이를 샛장지라 한다. 미닫이 또는 미서기로 설치하고 방과 대청 사이의 분합은 들어걸개를 주로 한다.

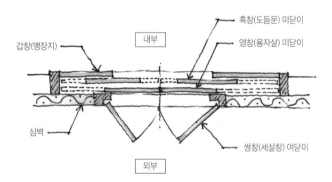

흑창(도듬문) 미닫이
영창(용자살) 미닫이
갑창(맹장지)
내부
심벽
쌍창(세살창) 여닫이
외부
전통창호 평면도

※ 전통 창호 시공 기준
· 목재는 함수율 15% 이하, 1등 무절 증기 건조목을 사용한다.
· 사용되는 목재의 함수율, 유리 홈 따기 동일 여부를 확인한다.
· 재료의 수직, 수평 휨 등의 변형 여부를 확인한다.
· 문짝의 마구리면은 상하, 좌우를 균등하게 깎아 맞춘다.
· 프레임과 문짝의 틈이 없어야 하고 수직이 맞아 안창과 바깥창의 살이 일치되어야 한다. 살이 일치하지 않으면 창틀이 찌그러지게 되므로 경미한 것은 창호바퀴로 조절하고 심한 것은 창틀을 재시공한다.

분합 - 방과 대청 사이에 설치한 들어걸개문과 외벽에 설치하는 두 짝 이상의 덧문을 말하며, 분합은 문짝수에 따라 삼분합, 사분합, 육분합, 팔분합으로 부르기도 한다.
장지 - 살대에 종이를 바른 것을 장지라 하며, 바르는 형태에 따라 명장지, 맹장지, 도듬문, 불발기문 등이 있다.

고건축인 살창은 문틀인 문얼굴과 선대인 울거미에 살대를 짜넣고 종이를 바르게 되는데, 이때 창호가 위치하는 방 안쪽에 종이를 바른다. 예를 들어 방과 툇마루 외벽의 덧문은 방 안쪽이 종이를 바르는 방향이 된다.

외부에 면하여 비바람에 영향을 받는 덧문인
쌍창에는 살을 촘촘히 댄 세 살, 영창은 용자살
또는 아자살, 흑창은 양쪽에 종이를 바른
맹장지인 도듬문이 일반적이다. 방 안의 안문은
살 모양을 넓고 화려하게 꾸민 완자살, 아자살
등을 하기도 한다.

4 쌍창 세살분합

5 영창 - 완자살

6 흑창 도듬문 - 창덕궁 낙선재

7 용자살 모양의 사창

8 샛장지 - 남산 한옥마을

9 안문 - 완자살 청판 분합

10 중인방위에 설치된 만살 분합

11 기밀성을 보완한 살창인 현대식 시스템창호

12 네 방향이 창으로 이루어져 있으면서도 안정감과
　　고즈넉한 공간감이 느껴진다. - 안동 임청각

제17장
가설공사 지하수 천공

상수도 공급이 되지 않는 지역은 음용수 사용을 위해 지하수를 사용하는데 이때에는 천공 작업을 위해
행정관청의 허가를 득하여야 한다. 지역에 따라 지하수 개발을 제한하는 곳이 있으므로 사전에 해당 지역
행정관청에 확인을 하는 것이 바람직하다. 지하수 개발 비용은 대공 천공 시 양수기 시설을 포함한 약
700~800만 원 정도 소요되며, 지상 보호공과 양수기 설치(수중펌프 또는 제트 모터) 그 외에 물탱크 또는
직수로 연결하여 사용하는 방법 등 각각의 형태에 따라 장단점과 비용의 차이가 있으므로 전문가와 협의하여
사용성에 맞는 시설이 설치될 수 있도록 한다.

1_ 공사 준비

1 장비 안착을 위한 주변 정리
2 장비 고정

2_ 지하수 천공(1일차)

1 천공 작업을 위한 함마 설치

3 규격 3m×80mm 6인치 함마, 로뜨 연결

5 천공 : 지하수 굴착공사는 굴착 지름 100(중공)~150mm(대공)이 있는데 현장에는 대공을 적용, 케이싱을 표토층에서 암반 부분까지 충분하게 삽입하여 천공된 주변으로 건수 등이 침투하지 못하게 한다.

6 로뜨 교체

8 천공된 암반층 상단부까지
아연강관 설치(직경 165mm)

9 강관 삽입

※ 땅속 깊은 곳에 흐르는 지하수는 지상의 비와 눈이 내려 땅속으로 스며들게 된다. 지상에 내린 빗물은 땅속 밀실한 지반층을 통과하여 충분히 정화된
　상태의 깊이에서 추출되었을 때 비로소 사람이 마실 수 있다. 아무리 땅속 깊은 곳에서 추출한 지하수 일지라도 땅속의 지질 상태가 좋지 못하거나
　지층의 갈라짐(암반 등)이 있어 내린 빗물이 충분히 여과되지 못한 상태의 지하수는 사람이 마실 수 없다.

11 강관 연결부 용접 작업

13 강관 삽입은 땅속 표토층에서 지하 암반층 상단부까지 (물호수 역할) 설치

14 강관 삽입 후 함마, 로뜨를 연결하여 암반층 천공

건수

16 암반층이 단단하여 천공 중 함마 갈라짐 발생
18 함마드릴 교체 후 계속하여 천공 작업

※ **건수 :** 물은 음수와 양수로 구분할 수 있다. 양수는 시냇물처럼 눈으로 볼 수 있는 물이다. 즉 바닷물, 강, 하천, 실개천 등에 있는 물이 이에 해당되며, 음수는 땅속에 존재하는 물로서 지하수가 해당된다. 지하수를 두 가지로 분류하면 건수와 암반수로 구분할 수 있는데, 건수는 표토층과 암반 사이에 존재하며 암반수는 땅속의 암반 아래에 있는 물이다.

3_ 지하수 천공(2일차)

1 천공 완료(지하수층 발견) 후 천공된 암반층에 직경 100mm PVC 파이프 삽입 : 보통 로뜨당(길이 3m) 암반층을 천공하는데 3분 정도 소요된다. 1~2분 내 천공될 경우 암반층이 약한 것으로 판단하여 장기적으로 천공된 암반층이 유실의 가능성을 고려하여 PVC 파이프를 삽입 정밀한 시공을 요한다.

3 지하수 천공 위치 콘크리트 박스 설치

4 천공된 관에 수중모터 삽입 준비 : 심정(수중) 펌프는 매립 시 관계자가
입회하여 KS 제품인지 확인한다.

5 수중모터 삽입 : 수중모터는 모터부와 펌프부 두 가지 기능으로
이루어진 모터인데 지름 90mm, 길이 1.0m의 심정용 지하수펌프이다.
사용 내구연수는 보통 5년 정도이며, 사용 조건에 따라 10년까지도
사용 가능하다고 한다.

8 작업 완료

9 주택 내부와 외부로 분리한 급수관 설치 : 주택의
급수 사용량을 고려하여 수평, 수직 배관의 굵기를
결정한다. 또한 모터가 설치되는 콘크리트 맨홀
바닥은 모르타르 작업 중 별도의 배수 시설을 두어
청소 또는 시설공간으로 물이 유입되었을 경우 자연
배수가 되도록 한다.

10 인버터 모터펌프 설치(수도 사용량에 맞도록
수중펌프의 압력을 일정하게 조절해 에너지 절감
효과와 모터의 내구성 증가 목적) 직수 연결이 아닌
물탱크를 설치할 경우에는 인버터는 설치하지 않는
것이 효과적이라고 한다.

11 지하수 관내에 이물질 등이 있을 수 있으므로 개발
후 3일 정도 건수를 빼낸 후 사용수량에 문제가
없는지 확인 : 본주택 예상 1일 출수량 15톤 예상

4_ 외부 급수관 연결공사

1 외부 급수관 연결공사(지하수 ↔ 외부 수돗가, 주택 내부)
2 설치 깊이 1.2m 이상 매설(동결 고려)
4 사후 관리를 위한 매설 위치 확인하여 도면에 기록
5 관 매설 후 되메우기 작업 완료

5_ 지하수 준공검사

지하수 준공검사(관계자 현장조사)

■ 지하수법 시행규칙[별지 제12호 서식]

제2014-368호

준 공 확 인 증

신 고 인	성명 (법인명)	이광영 [	생년월일 (법인등록번호)	64.11.10
	주소(법인인 경우에는 주된 사무소의 소재지)			
	서울특별시 송서구 할곡로13길 167,104동 701호 (화곡 동,,화곡주본지오)			(전화번호:010-4221-2743)
개발·이용 내 용	위치	경기도 이천시		
	좌표(경도,위도)	127˚ 33'28.43" 37˚ 3'14.96"	용도(세부 용도) 생활용:가정용:음 용	음용 여부 음용
시설설치 내 역	굴착길이	100 m	굴착구경	150 ㎜
	취수계획량			5 ㎥/일
양수설비 내 역	동력장치	1 HP	토출관안쪽지름	20 ㎜
	설치깊이	90 m	양수능력	47 ㎥/일
그 밖의 사항				

「지하수법」 제9조와 같은 법 시행령 제14조제3항에 따라 위의
시설에 대한 준공확인을 받았음을 증명합니다.

2014년 09월 18일

이천시장

210mm × 287mm(일반용지 60g/㎡ (재활용품))

지하수 모터 설치 공간은 보온 작업을 철저히 하여 동절기에 동파가 되지 않도록 한다.

※ 수질검사 항목과 기준

지하수 준공은 수질검사 48가지 항목을 실시하여 합격 기준치 이상이 되어야
준공검사 필증이 발급된다.

	검사항목	수질기준
1	일반세균	100FU/ml
2	대장균군	0/100ml
3	납(Pb)	0.01mg/ℓ
4	불소(F)	1.5mg/ℓ
5	비소(As)	0.01mg/ℓ
6	셀레늄(Se)	0.01mg/ℓ
7	수은(Hg)	0.001mg/ℓ
8	시안(CN)	0.01mg/ℓ
9	6가크롬(Cr+6)	0.05mg/ℓ
10	암모니아성질소(NH$_3$-N)	0.5mg/ℓ
11	질산성질소(NO$_3$-N)	10mg/ℓ
12	카드뮴(Cd)	0.005mg/ℓ
13	보론(B)	1.0mg/ℓ
14	페놀(Phenol)	0.005mg/ℓ
15	총트리할로메탄(THMs)	0.1mg/ℓ
16	클로로포름(Chloroform)	0.08mg/ℓ
17	다이아지논(Diazinon)	0.02mg/ℓ
18	파라티온(Parathion)	0.06mg/ℓ
19	말라티온(Malathion)	0.25mg/ℓ
20	페니트로티온(Fenitrothion)	0.04mg/ℓ
21	카바릴(Carbaryl)	0.07mg/ℓ
22	1.1.1-트라클로로에탄(1.1.1. TCE)	0.1mg/ℓ
23	테트라크로로에틸렌(PCE)	0.01mg/ℓ
24	트리클로로에틸렌(TCE)	0.03mg/ℓ
25	디클로로메탄(Dichloromethane)	0.02mg/ℓ
26	벤젠(Benzene)	0.01mg/ℓ
27	톨루엔(Toluene)	0.7mg/ℓ
28	에틸벤젠(Ethylbenzene)	0.3mg/ℓ
29	자일렌(Xylene)	0.5mg/ℓ
30	1.1-디클로로 에틸렌(1.1 Dichloroethylen)	0.03mg/ℓ
31	사염화탄소(Carbon tetrachloride)	0.002mg/ℓ
32	경도(Hardness)	300mg/ℓ
33	과망간산칼륨소비량(KMnO$_4$)	10mg/ℓ
34	냄세(Odor)	무취
35	맛(Taste)	무미
36	구리(Cu)	1
37	색도(Color)	5도
38	세제(ABC)	0.5mg/ℓ
39	수소이온농도(pH)	5.8 - 8.5
40	아연(Zn)	1mg/ℓ
41	염소이온(Cl-)	250mg/ℓ
42	증발잔류물(RE)	500mg/ℓ
43	철(Fe)	0.3mg/ℓ
44	망간(Mn)	0.3mg/ℓ
45	탁도(Turbidity)	1NTU
46	황산이온(SO$_4$-2)	200mg/ℓ
47	알루미늄(Al)	0.2mg/ℓ
48	잔류염소	0.2mg/ℓ

6_ 상수도 공급지역에서의 수도 연결공사

공사 착공 전 공사용 용수 사용을 위해 관할 행정관청 상·하수과에 급수공사 사용 승인을 신청한다. 신청 후 약 5일 이내 급수 연결공사비, 원인자부담금 등의 고지서가 발급되며, 급수 연결은 비용 납부 후 7일 이내에 급수 연결공사가 이루어지므로 공사 용수 사용에 지장을 받지 않도록 착공 전에 신청하는 것이 좋다.

분담 비용은 분기점에서 수도 미터기까지의 거리에 따라 비용의 차이가 발생되며, 공공택지지구의 경우 원인자 분담금 포함하여 약 250만원 정도가 발생된다.

참고로 일반 전원주택지의 경우 분기점에서 수도미터기까지 거리가 약 6m 정도일 경우 약 100만원 정도 소요된다.

수도계량기는 가능한 분기점에 가까이 설치될 수 있도록 하는 것이 비용 부담을 줄일 수 있다. 동절기 동파 방지를 위해 규정 깊이 이하에 설치하고, 보온재를 밀실하게 감싸넣어 관리하도록 한다.

1 급수관 공사를 위한 공공수도 관로 위치 터파기 작업(택지개발지구의 경우 보통 경계면에서 대지 내 2m 지점에 설치한다.)
3 공공수도 분기관 위치에 수도계량기 설치

제18장
내장 목공사

건축에서의 목공사는 형틀목공, 건축목공, 내장목공으로 주로 분류하는데 이 장에서
다루는 목공사 내용은 내장 목공사이다.
작업 내용은 구조 벽체에 각종 형태의 마감을 위한 바탕 작업으로 각재, 합판, 석고보드
작업과 마감 루버와 목문 설치 등의 공종이다.

주택에서 내장 목공사는 내부공간의 품질을 높이는 데 있어 목수의 작업 능력이 중요한
비중을 차지한다. 작업 투입 시점은 현장 상황과 재료에 따라 달라질 수 있는데, 보통
바닥 방통공사와 창틀 설치 후 시작되며 바닥 모르타르 타설을 위한 먹매김 작업과 각종
마감공사를 위한 기준선인 허리먹을 놓는 것은 미리 선작업을 하여야 한다.

시공과정

1 디자인 결정 ▶ 2 재료 선정 ▶ 3 재료 반입 ▶ 4 커튼박스틀 작업 ▶ 5 천장틀 작업 ▶ 6 벽틀 작업 ▶
7 천장 석고보드 또는 합판 설치 ▶ 8 벽 석고보드 작업 ▶ 9 문틀 설치 ▶ 10 마감재 시공 ▶
11 마감몰딩 및 문선몰딩 ▶ 12 문짝 설치

위 내장 목공사의 시공 과정은 일반적인 공사의 경우이며, 재료와 디자인 구성에 따라 작업
순서는 바뀔 수 있다.

1_ 목재 선정을 위한 목재소 답사

1 판재를 각재로 제재하는 과정

2 수입 판재 보관

3 수입된 통원목

4 통나무를 판재로 제재하는 과정

5 함수율을 낮추기 위한 기계건조 과정 : 건조 과정에
목재의 품질을 높이기 위해 일반 건조 방식이 아닌
고주파 건조를 하는 경우도 있다고 한다(비용 상승).

6 기계건조된 목재는 보관 시 목재를 쌓으면서 사이에
각재를 끼워 목재 사이로 바람이 순환되도록 한다.

※ 말리지 않은 나무는 곰팡이와 해충의 피해를 입을 뿐만 아니라 마르면 수축되고 뒤틀리게 된다. 이러한 이유로 목재는 사용 목적에 따라
함수율을 지키도록 하고 있는데, 자연건조(공기건조) 방식과 기계건조 방식이 있다.
자연건조는 건조 기간이 오래 걸리므로 대부분 제재를 하여 기계건조를 한다.

2_ 시공

1. 목재 틀, 합판 설치 작업

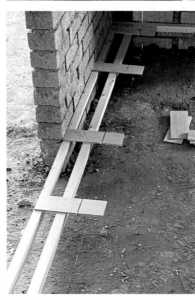

1 작업 장비 설치

2 내부 마감 공사를 위해 기준선을 정한다. 허리먹선을 기준으로 바닥, 벽, 천장 마감, 창호 시공 등 각각의 마감 시공을 하게 된다.

3·4 미닫이 도어틀 작업 및 마감공사를 위한 레이저 레벨기를 이용 먹매김 작업

5·6 상부 먹매김 작업

7 바탕재 설치를 위한 세로벽틀 제작

8 벽체 틀 작업 : 석고보드 규격(900x1800x9.5T - 간격 450mm / 1200x2400x9.5T - 간격600mm) 규격에 따라 각재 설치 간격을 달리한다(현장에서는 합판, 석고보드 등을 부를 때 3의 배수로 3x6, 4x8로 부르기도 한다).

9·10 선 수평 먹매김 위치에 가로 각재 설치

11 벽, 천장 바탕틀용 각재 반입(소송각재 - 30x30), 내장용 목재는 미송각재보다는 소송각재를 주로 사용한다. 이는 미송보다 색이 밝고 가벼우며 옹이가 별로 없어 휘어짐이나 비틀림이 적고 목재의 밀도가 좋아 작업성이 좋기 때문이다.

※ 내장 목공사의 틀 작업은 콘크리트 바탕면에 쐐기를 박아 평활도를 맞추거나 각재를 이용 가로, 세로 틀을 세워 평활도를 정확하게 맞춘 후 시공하는 방법이 있다.
· 바탕 작업 중 벽면에 설치되는 장식물, 가구, 거실 천장의 무거운 조명기구 등의 설치를 고려하여 보강하며, 문짝 손잡이가 벽면에 맞닿는 부분은 합판을 대어 사용 중 문손잡이로 인해 벽면이 손상되지 않도록 한다.

2 현장 상황에 따라 각재틀 속에 설치된 전기 배관 위치를 표시하여 목공사 중 타카 핀이 전기 배관에 박히지 않도록 주의한다. 또한 벽 또는 천장에 가구 및 조명기구 설치 위치에는 합판 등으로 보강한다.

3 두께 4.8mm 합판 설치 : 일반적으로는 석고보드 9.5T 2겹 시공이 일반적인데, 내구성과 사용성을 위해 합판과 석고보드를 덧대어 시공하기도 한다.

합판

얇은 나무판을 겹으로 붙여 만든 것을 말하며, 사용 목적에 따라 일반합판, 내수(방수)합판,
코어합판 등이 사용된다. 수입합판은 말레이시아산을 주로 사용하는데, 강도가 좋은 대신
가격이 높다.

14 벽 합판 설치 후 천장 반자틀 작업(소송각재 : 30x30@450/600)

15 주방 천장에 설치될 각재의 처짐을 고려하여 보강 목적의 장선을 단변 방
향으로 900mm 간격으로 설치하고 장선에 각재를 고정(30x30@450)

16 천장 마감용 루버 시공 위한 바탕 작업 완료

17 거실 내 장식벽 설치 위한 합판 위 각재 설치

18 부부침실 천장 등박스 작업

2. 석고보드 반입 및 시공

1·2 석고보드 반입(900x1800x9.5T)

3 벽 마감재 시공을 위한 합판 위 석고보드
설치

3. 창호 공틀 작업

1·2 창틀 주변 우레타폼, 열반사 단열재를 이용 단열 보완 및 틀 작업(창틀을 설치할 때에는 통일성과 마감재를 고려하여 비례감이 있도록 한다.)

3·4 바탕틀 작업 – 합판 4.8mm, 마감 시공은 공장 제작한 MDF 위 천연 무늬목 시공 예정

5 창틀용 재료는 마감이 벽지, 도장일 경우에는 석고보드 시공이 변형의 가능성이 적기 때문에 효과적이다. 필름, 무늬목 마감일 경우에는 합판(두께 12.5mm)을 주로 바탕재로 사용한다.

6 현관 중문 틀 설치 후 틈새 부분 모르타르 사춤

제19장
칠공사 퍼티

퍼티 작업은 최종 마감재 시공을 위한 바탕면의 평활도 확보를 위한 공정이다. 바탕면의 상태에 따라 면의 우묵진 면, 빈틈, 틈서리, 갈라진 곳에는 구멍땜용 퍼티를 나무주걱 또는 쇠주걱 등으로 가능한 얇게 눌러 채우고, 건조 후에는 연마지(#160~180)를 사용 사포질하여 마무리 한다. 또한 필요에 따라 표면이 평탄하게 될 때까지 1~3회 되풀이하여 채우고 평활하게 될 때까지 갈아낸다. 퍼티면이 건조되어 굳기 전에는 연마지 갈기를 해서는 안 된다.

1_ 시공

1 합판 접합면 줄퍼티 작업

2 벽 석고보드면 부분 줄퍼티 작업

3 퍼티 후 샌딩 작업

제20장

칠공사 액상 참숯

주택 내부의 새집증후군 등을 차단하여 주거 생활의 쾌적성을 높이고자 최종 마감 공사 전 벽과 천장에 액상 참숯 바르기 작업을 하였다.

시공

제21장

내장 목공사 각재, 루버, 문틀 외

1_ 내부용 도어의 종류

① **원목 도어** : 목재를 가공하여 만든 문

② **천연 무늬목 도어** : MDF에 천연 무늬목을 붙인 문

③ **래핑 도어** : 인조 무늬목 시트 등을 붙인 문

④ **스킨 도어** : 천연 목질 섬유판을 고온·고압으로 성형시킨 문

⑤ **ABS 도어** : ABS 수지로 만들어 변형이나 뒤틀림이 없는 문

⑥ **제작 도어** : 기존 공장에서 기성품(최대 1000x2100)이 아닌 다양한 규격으로 제작하며 마감재료는 원목, 천연 무늬목, 도장 등 다양하다.

1. 재료 반입(나왕각재, 무절루버, 목문)

1 주방, 식당 천장 마감용 나왕각재 반입(폭 30x50)

2 거실, 복도, 천장용 적삼목 무절 루버 반입하여 적치 : 규격을 정하여 별도로 주문 제작(함수율 15% 1등 무절 증기 건조목)

3 창호 공틀, 문선용 몰딩 재료 반입[THK9 MDF 위 천연무늬목 2겹(오크) 위 우레탄 래커 5회]

4 도어 반입(1000x2350) 천연 무늬목 위 투명래커 도장 : 공장에서 제작하였으며, 보관은 그늘진 곳에 받침목을 놓고 세워 보관한다.

※ 재료검수(공틀, 문짝) : 재료는 기 설치된 문틀과의 동일한 무늬, 색상 확인과 비틀림, 마무리 등을 검사하며, 재료는 골판지 등으로 포장하여 반입한다.

· **루버** : 목재끼리 끼워 맞추어 시공되도록 한 재료를 말하며, 무절, 반무절, 유절이 있으며 무절(옹이가 없는 것을 말함)이 가장 비용이 높다.

· **쪽매** : 얇은 판재를 연결하는 이음법을 부르는 명칭이며, 온돌마루와 루버는 제혀쪽매가 일반적이다.

 제혀쪽매

2. 마감재 시공

1 거실, 복도 천장 적삼목
무절루버(8x89)

3 복도 천장 루버 - 복도에는 재료를
선별하여 밝은 색상으로 시공

4·5·6 주방, 식당 천장 나왕 판재를
사용한 등박스 설치

7 문틀 조립(연귀맞춤)

8 창호 공틀 설치 후 보양

9 욕실 도어 sill(인조대리석) 설치 후
문틀 설치 및 주변 방수 모르타르
사춤[욕실문 여닫을 때 신발이 닿지
않도록 콘크리트공사 시에 레벨(-
80mm)을 낮추어 시공]

10 현관 입구 장식월 설치 후 보양

장식월 샘플 제작(설치 전)

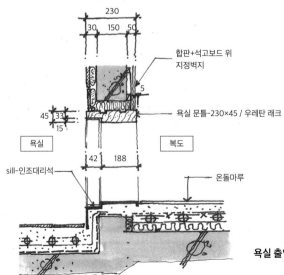

합판+석고보드 위
지정벽지

욕실 문틀-230×45 / 우레탄 래크

욕실

복도

sill-인조대리석

온돌마루

욕실 출입문 주변 단면 상세도

3. 몰딩

1 천장 반자돌림용 몰딩 : 재료 선정 위한 매장 방문
2 반자돌림 시공

본주택 복도 및 식당

※ 몰딩
　몰딩은 내부 장식적 마감 처리에 있어 적은 비용으로 공간에 포인트 있게 표현할 수 있는 재료이다.
　재료별로 원목, MDF 위 필름, PVC, PB 등이 있으며 벽, 천장의 모서리, 문선, 가구의 트림 등 마감용으로 다양하게 사용된다.

1 클래식 스타일의 침실
2·3 클래식, 모던 스타일의 주방

모던스타일의 거실 가족실

모던, 클래식 스타일의 현관, 거실

[고건축 천장]

주거용 공간에는 예나 지금이나 천장을 만든다.

천장은 한글로는 반자, 한자로는 천장이라고 한다. 방 안에는 천장이 있어야 생활하는데 아늑함이 있다. 천장의 높고
낮음은 공간에서 느끼는 심리적인 안정감이 다를 수 있기 때문에 주어진 공간에서 높이를 정하는 것은 그 비례감에 있어
매우 중요하다.

고건축에는 천장의 모양에 따라 각각의 명칭이 있다. 현대건축에서의 천장은 매우 다양하게 표현되는데, 용어는 딱히
정해져 있지 않기 때문에 고건축에서 사용되어 온 명칭을 참고하여 표현하는 것도 좋을 듯하다.

우물천장

일반 살림집에는 사용되지 않았고 궁궐의 정전 같은 위계가 높은 건물에서만 사용된 고급천장이며, 장비가 발달된 현대 한옥에서 많이 사용되고 있다. 한자로
우물정자 모양이라고 하여 붙여진 이름이며, 장귀틀, 동귀틀의 격자로 짜인 틀에 반자소란인 쫄대에 의지해 반자청판을 얹는다.

연등천장 _ 양동마을 심수정

천장을 설치하지 않아 대들보와 서까래 등의 가구 부재들이 그대로 노출되어
보이는 천장이다. 살림집의 대청, 툇마루에는 연등천장이 대부분 사용되었다.

눈썹천장 _ 남산 한옥마을

팔작지붕의 연등천장에서 측면 서까래 말구와 각종 구조부재들이
만나는 부분을 가리기 위해 천장을 만드는데, 이를 크기가 작다고 하여
눈썹천장이라고 한다.

귀접이천장 _ 보탑사 목탑

사찰건축에서 사용된 천장이며,
사각의 모서리에 아래는 넓고, 위는
층을 두면서 좁아지도록 만든 천장을
말한다.

빗천장 _ 강화 정수사 법당

천장이 수평이 아니고 서까래 방향에 따라 경사 형태로
만든 천장이다.

보개천장 _ 경복궁 근정전

평천장 일부 공간에 사각의 틀을 사다리꼴 모양으로
만들어 깊이감을 준 천장을 말한다. 궁궐의 정전 천장
일부 공간에 모양을 내어 장식하기도 하며, 궁궐의 어좌
또는 사찰의 불전 위에 닫집을 보개형으로 구성하기도
한다.

종이반자 _ 가일 수곡고택

대청의 천장은 대들보나 서까래 등의 가구 구조를
그대로 노출시키지만 방은 천장으로 마감한다.
주로 목재와 흙으로 구성되는 고건축인 한옥은
벽의 기둥이나, 인방, 천장의 대들보, 서까래 등
많은 목재 부분이 노출되어 보인다. 잠을 자는
공간에는 심리적 안정감을 위해 노출된 벽의 목재
부분을 종이로 감싸바르며, 천장에도 천장틀을
짜고 천장지를 붙이는데 이를 종이반자 또는
방반자라고 부른다. 궁궐의 천장에는 종이를
3겹으로 붙여 마감하였다고 한다.

소경반자 _ 가일 수곡고택

기둥에 서까래를 걸어 지붕을 구성한 규모가
작은 살림집 천장에 사용되었는데, 서까래와
산자엮기를 하여 황토를 바른 부분까지
전체적으로 종이를 바른 천장을 말한다.

고미반자 _ 가일 수곡고택

부엌이나, 헛간 천장에는 서까래를 걸고 판재를
깔거나 산자엮기를 하여 흙을 발라 부엌에서 물건
등을 올려놓고 쓰거나 그 공간을 방으로 이용하는
다락으로 사용하기도 한다. 이러한 천장을
고미반자라고 하는데, 현대건축에서는 복층구조로
만들어지는 공간이 될 것이다.

수장공사 천연 무늬목

현대주택에서 마감재료에 있어 원목 사용은 비용이 많이 들고 재료가 다양화 되면서 원목 분위기를
표현한 재료가 천연 무늬목이다. 천연 무늬목은 실제나무를 0.03mm 정도로 얇게 켜서 MDF에 붙여
창호 틀과 각종 마감용으로 시공된다.

종류로는 천연 무늬목, 인조 무늬목(무늬목에 색상을 입힌 것), 염색 무늬목(천연 무늬목을 화학처리한 후 인위적으로
색상을 염색한 것)이 있다. 시공 방법은 합판 또는 HDF(MDF에 비해 강도가 크다), MDF 표면에 인조 무늬목을 1차로 붙인
후 천연 무늬목을 덧붙여 래커 등 칠을 하여 마무리한다. 무늬목 색상은 나무 종류에 따라 다양하며, 비용도 나무 종류에
따라 다르듯이 무늬목도 이와 유사하다. 나무는 켜는 방법에 따라 곧은결과 무늬결이 나오는데, 곧은결은 무늬결에 비하여
가격이 고가이며, 규격(폭)도 작다. 색상을 선택할 때는 천연 무늬목은 시간이 갈수록 색이 짙어지므로 원하는 색상보다
조금 옅은 것을 선택하는 것이 좋으며, 인조(집성) 무늬목은 시간이 갈수록 탈색이 되는 경향이 있어 조금 옅어지므로 이를
고려하여 선택하도록 한다.

1_ 시공

1 바탕틀 설치
2 바탕재 이음 부분 부분 퍼티 및 샌딩
3 퍼티 작업(포리 또는 핸디코트)
4 사포를 이용하여 샌딩
5 인조 무늬목 접착제 바르기

※ **시공 방법에 따른 비용 차이 ① > ② > ③**
① 천연 무늬목을 두 겹으로 붙이는 방법
② 바탕면에 인조 무늬목+천연 무늬목+칠마감(효율적 시공 방법이다)
③ 표면에 무늬목을 생략하고 마감무늬목과 유사한 칠을 한 후 천연 무늬목을 붙이는 방법
· 최근에는 천연 무늬목 시공 비용이 높아 잘 사용되지 않으며, 대체재로 PVC 필름지(무늬목이 아님) 등이 주로 사용되고 있다.

6 바탕면 샌딩 후 1차 인조 무늬목(배접) 붙임

7 인조 무늬목 붙임 후 샌딩

8 천연 무늬목에 접착제 바르기

10 사용 규격에 맞도록 절단

11 접착제 바른 후 일시 건조

12 2차 천연 무늬목 붙임

13 천연 무늬목 붙임 완료

14 샌딩 작업

15 열을 가하여(손다리미) 무늬목 접착

16 마무리 작업 후 칠 작업(곧이어 칠을 해야 된다)

17 천연 무늬목 작업 완료

※ 천연·인조 무늬목 종류

| 천연 오크 - 무늬결 | 천연 레드오크 - 곧은결 | 천연 샤벨 - 무늬결 | 인조 제브라 | 인조 티크 투블럭 | 인조 월넛 - 곧은결 | 인조 워시오크 블랙 - 곧은결 | 인조 웬지 |

제22장

가설공사 우천 시 현장 관리

1 비 예보로 사면부 토사 유실 방지 조치
3 우기 중 처마 및 지붕 누수 확인(남, 서쪽 빗물 흐름 상태 확인)
4 남, 동쪽 지붕
5 서쪽 지붕
6 북쪽 지붕
7 처마홈통에 거름망 설치

※ 지붕 배수구에 낙엽, 이끼 등에 의해 거름망에 피막이 형성되어 배수구가 막힐 수 있으므로 계절별로 관리가 필요하다.

제23장
금속공사 처마 플래싱

철을 사용하여 공사하는 공종을 말하며, 내용에 따라 잡공사로 표현하기도 한다.
주택에서 주로 이루어지는 금속공사로는 계단, 발코니, 평지붕 등에 설치하는 난간, 벽 또는 천장에 철을
이용한 틀 작업, 캐노피, 주차장 구조물, 트렌치, 대문, 우체통 등 각종 철을 사용하여 시공되는 공종이 있다.
본 주택에 적용된 금속공사는 서재 바닥에 설치된 폴딩 도어 레일, 현관문과 외부 방화문, 처마 플래싱, 지붕
박공에 설치된 원형 장식판, 주차장 구조물, 대문 공사 등이다.

1_ 처마 플래싱 설치

1 처마 물끊기 목적의 금속 철판 설치

2 0.5T 컬러강판

3 플래싱 설치 후 마감을 위한 실리콘
마감

4 비 내리는 날 시공 상태 확인

박공 부분 장식판

제24장

가설공사 2차 가설재 반출

1·2 2차 가설재 반출을 위한 자재 정리 후 반출

※ 처마 플래싱 설치로 외부 작업이 모두 완료되어 잔여 가설재 반출
　(최종 반출 시에는 기존 반출 수량과 최종 가설재 반출분에 대한 수량 파악, 사진 촬영을 하여 가설 임대자와 분쟁이 발생하지 않도록 한다)

제25장

타일공사

주택에서 타일 마감은 욕실, 주방 싱크대 주변 벽, 보조주방, 현관 바닥, 보일러실, 베란다 등의 공간에 주로 적용한다.

본 주택의 타일공사는 욕실, 주방, 보조주방, 보일러실이며, 시공은 창호틀 천장 석고보드 작업 후 시작된다. 타일은 천연석재와 달리 고급화된 다양한 종류의 재료가 생산됨에 따라 예전에 물을 쓰는 공간에 주로 시공되었으나, 최근에는 거실 또는 침실에까지 적용할 정도로 다양한 공간에서 사용되고 있다.

1_ 타일의 종류

① **자기질 타일** - 높은 온도와 압력으로 구워 만들어 조직이 치밀하고 수분 흡수율이 낮다. 단단하여 바닥용으로 주로 사용된다.

② **포세린 타일**(내, 외부 바닥) - 1차로 구워내고 한 번 더 성형을 해서 유약을 발라 고온으로 도자기 굽듯이 구워서 만들기 때문에 내구성과 찍힘이나 충격에 강한 반면, 흡수율이 낮아 타일바닥에 물건이 떨어질 경우 깨질 수 있다. 무광의 포세린 타일은 현관 바닥 등 오염이 발생하는 곳은 때가 낄 수 있으므로 사용 공간을 고려하여 적용하도록 한다.

③ **폴리싱 타일**(내부 바닥) - 포세린 타일을 재연마해서 표면을 매끄럽게 광이 나게 만든 타일로 주로 유광이다. 어린 아이, 노인 등이 거주하는 공간에는 미끄러울 수 있으므로 이를 고려하여 적용하도록 한다.

④ **도기질 타일**(내부 벽) - 점토를 사용하여 굽는 방식은 자기질 타일과 같으나 도기질은 낮은 온도에서 구워 만들기 때문에 수분 흡수율이 높아 주로 실내 벽면에 사용된다.

⑤ **석기질 타일**(석재타일) - 돌과 같이 단단하다 하여 붙여진 명칭으로 내구성이 뛰어나 외부 공간의 테라스, 주차장 바닥, 보행 공간 등에 주로 사용된다.

※ 시공을 고려한 재료 구입(욕실 등의 공간)은 바닥 - 300x300, 벽 - 250x400, 300x600 정도 규격의 타일이 시공성이 좋다. 대공간에는 큰 규격의 타일 적용이 효율성이 좋다.

2_ 시공

시공 과정

1 재료 선정 ▶ 2 재료 반입 ▶ 3 청소 및 준비 작업 ▶ 4 실 띄우기 ▶ 5 벽타일 시공 ▶ 6 바닥타일 시공 ▶

7 벽타일 줄눈넣기 ▶ 8 바닥타일 줄눈넣기 ▶ 9 양생 ▶ 10 문틀, 타일 모서리 실리콘 작업

1 타일 선정 위한 매장 방문

2 타일 반입 : 사용 수량 계산 시 소요량(정미량+할증 3%)에 시공 방법에 따라 손실 부분이 증가되며, 별도의 유지 보수를 고려하여 구입하도록
한다(타일은 구입 후 일정 기간이 지나면 구입한 타일이 모두 판매되거나, 생산되지 않을 수도 있기 때문에 보수용 타일을 일정량 보유한다).

3 시공용 모르타르 반입 및 배합 : 모래는 원칙적으로 양질의 강모래를 사용하고 유해량의 진흙 먼지 및 유기물이 혼합되지 아니한 것으로서 2.5mm
채에 100% 통과하는 것으로 한다. 물은 청정하고 유해량의 철분 염분 유황분 유기물 등이 함유되지 않은 것으로 한다. 모르타르의 배합은 건비빔한
후 3시간 이내에 사용하며 물 반죽(벽 1:4 / 바닥 1:3) 후 1시간 이내에 사용한다. 타일 시공 전 바탕면 불순물 제거와 물 청소를 깨끗이 하여 부착력
저하를 일으키는 먼지 등을 제거한다.

4 떠 붙이기 : 타일 뒷면에 붙임 모르타르를 바르고 빈틈이 생기지 않게 바탕에 눌러 붙인다. 붙임 모르타르의 두께는 12~24mm를 표준으로 하며,
타일의 1회 붙임 높이는 경화 속도 및 작업성을 고려하여 1.2m로 하고 붙임 시간은 15분 이내로 한다.

5 벽타일 떠붙이기 시공 시 타일 속 빈 공간에 시멘트를 채워 넣는다. 이는 타일을 붙이면서 빨리 굳혀지도록 하며 시공면의 강도를 높여 위에
붙여지는 타일로 인해 틀어짐을 방지하기 위함이다.

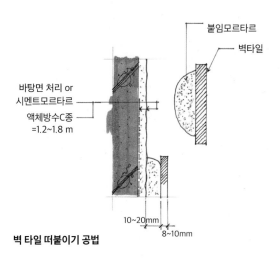

벽 타일 떠붙이기 공법

- 붙임모르타르
- 벽타일
- 바탕면 처리 or 시멘트모르타르
- 액체방수C종 =1.2~1.8 m
- 10~20mm
- 8~10mm

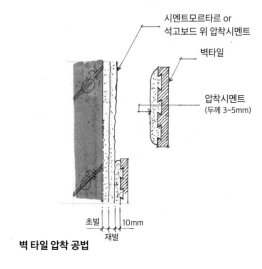

벽 타일 압착 공법

- 시멘트모르타르 or 석고보드 위 압착시멘트
- 벽타일
- 압착시멘트 (두께 3~5mm)
- 초벌
- 재벌
- 10mm

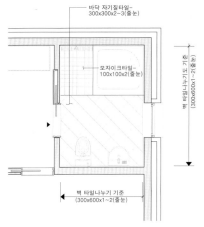

- 바닥 자기질타일–300x300x2~3(줄눈)
- 모자이크타일–100x100x2(줄눈)
- 벽 타일나누기도 기준 (300x600x1~2(줄눈))
- 벽 타일나누기 기준 (300x600x1~2(줄눈))

부부욕실 바닥 타일 줄눈 나누기 도면

타일 시공 전 타일 줄눈 나누기 도면을 작성하여 가능한 정규격의 타일로 시공되도록 선 작업하며 쪽타일이 만들어질 경우에는 타일 규격의 2/1 이상이 되도록 한다. 타일 시공 시 위생기구, 바닥 드레인, 전기 콘센트 등의 설치는 줄눈 또는 타일 중심에 기구가 배치되도록 사전에 타일 규격을 정한 줄눈 나누기 도면에 따라 설비, 전기 배관공사가 이루어지도록 한다.

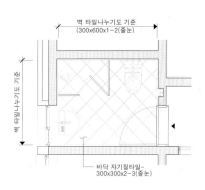

- 벽 타일나누기도 기준 (300x600x1~2(줄눈))
- 벽 타일나누기도 기준
- 바닥 자기질타일–300x300x2~3(줄눈)

공용욕실 바닥 타일 줄눈 나누기 도면

바닥타일은 사선형 방식이며, 벽타일은 공간 안쪽 모서리를 기준 분할하여 시공한다.

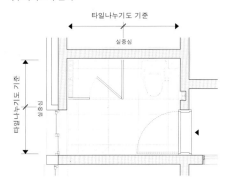

- 타일나누기도 기준
- 실중심
- 타일나누기도 기준

바닥 타일 줄눈 나누기 도면(예시-1)

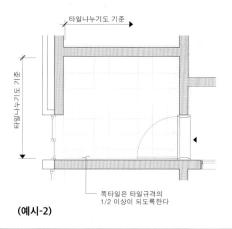

- 타일나누기도 기준
- 타일나누기도 기준
- 쪽타일은 타일규격의 1/2 이상이 되도록 한다

(예시-2)

※ 줄눈 폭 : 규격과 위치에 따라 달리하는데(대형타일 600각 이상 3~5mm), 내부바닥(2~3mm), 벽(1.5~2mm)의 줄눈과 창틀 주변 및 설비기기류와 맞닿는 부분은 10mm 정도로 하여 실리콘으로 마감한다.

6 도기질 타일 : 흔히 세라믹 타일이라고도 하며 1000℃에서 구워 수분 흡수율이 5% 정도이다. 입자가 두껍고 가볍기 때문에 벽용으로 사용되며, 바닥용으로는 강도가 약해 사용이 안 된다.

7 타일은 한 장씩 붙이고 나무망치 등으로 충분히 두들겨 타일이 붙임모르타르에 최대한 밀착되도록 시공한다.

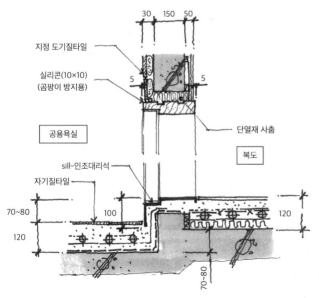

욕실, 바닥, 벽 부분 단면 상세도

※ 시공 중 검사

하루 작업이 끝난 후 시공된 일부 타일을 떼어 뒷면에 붙임 모르타르가 충분히 채워졌는지 확인한다.

10 타일 표면과 문틀과의 차이를
5mm 내외로 유지

11 벽타일 작업이 완료되면 바닥타일
시공 전 바닥 난방관을 연결하여
누수 확인을 한다.

12 바닥 난방관
(직경 15mm, 간격 200mm)

13 시멘트와 모래 배합

14 바탕 모르타르 반죽 : 바탕
모르타르 1회 깔기 면적은
6~8㎡로 하며, 모르타르 작업
시 바닥 배수구에 시멘트가 흘러
들어가지 않도록 면 장갑, 테이프
등으로 보양한다.

15 배수구 방향으로 물매 작업

16 타일 붙임 작업을 위해 백 시멘트에 물을 섞어 바탕면에 충분히 붓는다.

17 줄눈용 시멘트 배합

18 자기질 바닥타일은 소성온도가 1300℃ 이상으로 내구성이 강하며 수분 흡수율이 1~2%(도기질 5%) 정도이다. 타일은 타일 바탕면과 모서리면이 같은 색상으로 되어 있는 것을 사용하는 것이 좋다. 이는 타일 마구리 면과 줄눈 색상을 같게 하여 줄눈과 타일 접한면이 색상의 차이가 없도록 하기 위함이다.

20 자기질 바닥 타일(300x300), 경사 줄눈으로 시공(벽타일 줄눈에 맞추어 시공하기 어렵거나 바닥면에 변화감을 주고자 할때 표현하기도 하는데, 재료 손실과 작업 속도가 늦은 반면, 고급 시공 방식이다.)

21 타일을 붙인 후 3시간 경과 후 뾰쪽한 기구로 줄눈, 모서리 부분 등의 모르타르를 제거하고 스펀지로 타일면을 깨끗이 닦아낸다.

22 바닥타일 시공 완료 : 타일 시공 후 3일간은 보행이나 진동을 금지하며, 붙임 모르타르 경화 후 검사봉을 이용하여 타일 전체를 두드리며 타일과 바탕 모르타르간 접착력을 확인한다. 배수구 방향으로 물 경사도가 적절하게 시공되었는지 재확인한다.

23 주방벽 압착 시공 : 도기질 벽 타일(80x330), 석고보드면에 접착(붙임) 모르타르를 도구(헤라)를 이용하여 바탕면에 바르고 자 막대로 눌러 고른다.(붙임 모르타르의 두께는 타일 두께의 1/2 이상으로 하고 5~7mm 정도를 표준으로 한다)

25 막힌 줄눈 시공 : 줄눈 넣기(곰팡이 제거용 또는 에폭시 계통의 줄눈 등 다양하다) 혼화재를 물과 섞어 고무 헤라를 이용하여 타일 사이에 밀실하게 밀어 넣는다.

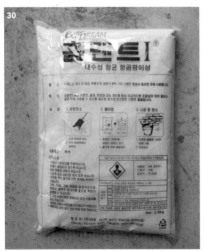

26 본 줄눈 : 줄눈 흙손을 사용하여 시공하는 방식이다.

27 바름 줄눈 : 고무장갑으로 타일면을 문지르면서
줄눈을 넣는 방식이다(규격이 적은 모자이크 타일 등은
줄눈 넣는 양이 많아 작업이 지연된다).

28 바닥 줄눈넣기

29 스펀지에 물을 묻혀 줄눈 주변을 깨끗이 닦아낸 후
줄눈이 빠진 곳은 보완한다.

30 내수성과 항균, 항 곰팡이 방지용 줄눈

※ 겨울 공사에는 시공면을 보호하고 동해 또는 급격한 온도 변화에 의한 손상을 피하도록 하며, 기온이 5℃ 이하일 때에는 임시로 가설 보온, 난방기
등을 이용하여 시공 부분을 보호한다. 충분히 양생된 후에는 벽 모서리, 창문틀 주변, 위생기구와 맞닿는 부분은 항균, 항곰팡이용 실리콘(10x10)으로
마감한다. 줄눈이 굳은 후에는 물을 부어 배수구 방향으로 물 빠짐에 문제없는지 재확인한다.

본 주택 욕실 타일

바닥 자기질타일 - 300x300
벽 도기질타일 - 300x600

본 주택 주방 타일

도기질타일 - 80x330

모던 스타일의 욕실

제26장
석공사 현관, 거실 장식벽

석재는 인공재료와 달리 자연 작용으로 생긴 것으로 강도, 내구성, 인성, 마모성 등에 우수한 자재이다.
석재는 동일한 종류의 재료라도 산지나 조직에 따라 각각 다른 색상과 질감, 광택이 나며, 세월이 흘러
재연마하면 처음과 같은 질감과 광택이 난다.

1_ 라임스톤

수성암이며, 석회암으로 이루어진 것으로 영어로 라임스톤(lime stone)이라고 부른다.
라임스톤은 석회암을 고압으로 압착하여 만든 석재로 따뜻하고 부드러운 느낌으로 고급스러움을 주는 반면 경도가 매우
약하고 다공성이 크며, 습기에 취약하다. 흡수된 습기는 라임스톤 본래의 색상을 변하게 한다. 또한 천연의 석재 결합력을
약하게 하여 백화와 같은 불용성 염들을 생성시켜 석재의 내구성이 저하되는 결과로 이어지게 되기도 한다. 다공성으로
미세한 먼지나 입자들의 침투가 쉽다. 침투된 이물질이 누적되고 이로 인한 미생물의 번식으로 표면에 오염이 발생된다.
이런 문제점을 방지하기 위해 시공 완료 후 표면에 방수 또는 발수코팅을 하고 표면에 빗물이 흐르지 않도록 세심한 시공이
요구된다.

아줄그레이

버블베이지

스노우화이트

2_ 대리석

변성암의 한 종류이다. 고대로부터 석조 건축이 발달한 그리스나 이탈리아는 오늘날에도 대리석의 세계적인 산지이다.
대리석은 강도와 내구성이 높은 반면 내화성이 낮아 열과 산 등에 취약하여 사용에 따른 관리가 필요하다.

크리마마필

보티치노

데져트로제

※ 우리나라에 수입되는 대리석 중에 유럽 등의 원산지에서 가공된 대리석은 두께 20mm이며, 중국(원석을 유럽에서 들여와 중국에서 가공 또는 중국 석재
가공)에서 수입되는 대리석은 대체적으로 두께 16~18mm로 반입되고 있다. 이는 원석을 가공할 때 전체 물량을 늘려 비용 절감을 위한 것으로 생각된다.

3_ 재료 선정 및 시공도 작성

본 주택에 적용된 석재는 현관 바닥(델리카토크림-오만), 거실 장식벽(소피아골드-터키), 외부 테라스, 현관 입구
바닥에는 화강석(포천석), 보행로와 주택 후면 테라스에는 철평석이 적용되었다.

내부 대리석 공사의 공정 순서는 타일공사 후 시작된다. 작업은 사전에 재료 선정과 시공 방법이 결정되어야 하며,
시공 전 줄눈 나누기 도면을 작성한다.

내부 대리석 줄눈 폭은 일반적으로 바닥 3~5mm, 벽 0(무메지)~5mm 정도를 두며, 바탕면에 두께 40mm 된 비빔
모르타르를 고르게 깔고 붙임용 페이스트를 부어 대리석(THK20mm 이상)으로 시공한다.

내부벽은 건식공법으로 대리석(THK20mm, 외부의 경우 THK30mm) 이상으로 하며, 건식공법에 사용되는
앵커볼트 및 부속철물(fastener)은 스테인리스 제품으로 하고 고정용 본드는 석재 전용 에폭시 본드를 사용한다.

① 대리석 선정 위한 매장 방문

1 수입 대리석 - 원석 판재(슬래브판이라고 부르기도
한다) 대리석 종류(강도)에 따라 최대 2400x3000
규격까지 수입된다고 한다.

2 원판(슬래브판) - 중국에서 가공한 대리석 -
소피아골드 W:1290 x L:2360 x T16

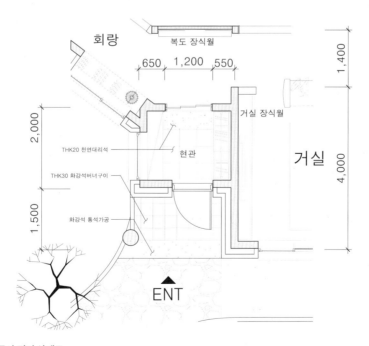

현관 주변 석공사 평면 상세도

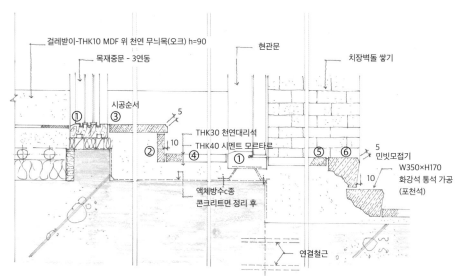

현관 주변 석공사 단면 상세도

② 현관 바닥 대리석 공사

1 준비작업 : 시공도 작성 후 규격에 맞게
가공하여 반입

4 현관 양쪽의 신발장 설치 레벨은 복도 바닥과
동일한 높이가 되도록 설치

6 바닥 대리석 시공 후 3일 경과 후
　줄눈넣기(백시멘트)

③ 거실 장식월 대리석 공사

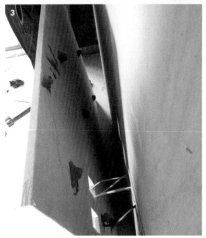

1 바탕면 평활도 확인 및 대리석
　설치를 위한 전기, 통신 박스 위치
　대리석 타공

7 모서리면 직각 확인

9 모서리 둥근모 접기

10 시공 위치에 맞도록 슬래브
판(1.2x2.4)을 가공하여
슬래브판의 형태가 원형 그대로
표현되도록 시공

대리석을 이용한 본 주택 현관 및 거실 장식벽

클래식 스타일의 침실 장식벽

세미 클래식 스타일의 거실 장식벽　　　　　모던 스타일의 거실 장식벽

제27장

칠공사 목재칠[락크]

본 주택에서 내부 칠공사는 부부침실, 주방 천장에 설치된 목재로 이루어진 우물천장틀, 조명 박스(box) 부분이며, 재료는 원목 바탕에 고급스러움을 더하기 위해 락크(lack) 칠을 하였다. 공사는 대부분 내부 마무리공사 완료 후 문짝과 벽지 공사 전에 실시하였다.

1_ 바니쉬 · 락크 · 락커

바니쉬는 속칭 니스라고도 하고 천연수지를 건성유로 녹이고 점조도를 적당히 하고자 희석제를 가한 것으로, 기름의 산화에 따라 수지와 결합하여 투명담색 피막이 생기게 되는 것이다. 바니쉬는 페인트와 달리 투명막을 통하여 바탕의 자연미를 발휘하는 것이므로 바탕 손질은 페인트칠보다 더욱 면밀히 해야 한다.

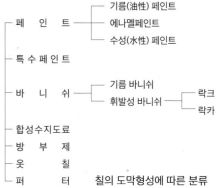

```
                            ┌─ 기름(油性) 페인트
        페  인  트 ─────────┼─ 에나멜페인트
                            └─ 수성(水性) 페인트

        특 수 페 인 트

        바  니  쉬 ─────────┬─ 기름 바니쉬          ┌─ 락크
                            └─ 휘발성 바니쉬 ───────┤
                                                    └─ 락카
        합 성 수 지 도 료

        방    부    제
        옷         칠
        퍼         터        칠의 도막형성에 따른 분류
```

2_ 락크 칠하기

색올림, 눈먹임, 칠의 순서로 한다. 색올림은 뿜칠로도 할 수 있지만, 보통 솔칠로 하고 눈먹임은 나무결 또는 눈에 문질러 넣고 건조 후 샌드페이퍼로 닦아 평활하게 하는데, 색올림과 눈먹임을 동시에 할 때도 있다. 젤라틴 사이즈를 터어펜타인 기름으로 녹여 초벌 바탕칠을 하고 마른 뒤에 초벌 2회, 재벌 3회, 정벌 4회 정도로 솔칠·문지름칠·뿜칠 또는 갈기로 하여 마무리한다. 또 매회 샌드페이퍼로 문지른다. 락크칠은 바니쉬보다 내구성은 적으나 빛깔과 윤이 바니쉬보다 우수하므로 고급 실내에 쓰인다.

1 우물 천장 구성을 위한 원목 판재

2 목재면 바탕 정리(연마지 #120~160) → 색깔 올림(착색제) 작업 후 10시간 유지 → 초벌칠(우드실러 또는 래커신나) 후 2시간 유지

3 재벌칠 1회(샌딩실러 또는 래커신나) 후 2시간 유지

4 재벌칠 2회(샌딩실러 또는 래커신나) 후 2시간 유지 → (연마지 #240~320) → 1회 추가

5 정벌칠 1회(투명래커) 후 2시간 유지 → 정벌칠 2회(투명래커 또는 래커신나) 후 1시간 유지 → 2회 추가

※ 바니쉬
 · 래크(천연수지가 주재) : 목재 내부용, 가구용으로 사용하며 조건성이나 피막이 약하다.
 · 래커(합성수지가 주재) : 목재면, 금속면의 외부용으로 사용되며 내후성, 내화성, 내유성이 우수하다. 건조가 빨라(20분) 뿜칠로 시공한다.

제28장
가설공사 폐기물 처리

폐기물관리법 제2조 건설산업기본법 제2조 4항에 따른 건설공사(건축공사, 토목공사 등 그 밖의 구조물의 설치 및 해체공사)는 폐기물을 5톤(공사를 시작할 때부터 완료할 때까지 발생하는 것만 해당) 이상 배출하는 사업장은 폐기물 처리업 허가를 받은 업체를 통해 처리하여야 하며, 5톤 미만일 때에는 폐기물처리장에 직접 운반하여 처리(처리 확인서 사용승인 시 제출)할 수 있다.

현장청소 후 2차 폐기물 반출

제29장

친환경건축 신재생에너지 지열

도시가스가 공급되지 않는 도심지 외곽 지역에 건축하는 주택의 경우 난방 에너지 해결을 위한 문제를 고민하게 된다. 주말형 주택 또는 스테이, 펜션 등은 LPG, 기름, 전기보일러 등 여러 다양한 에너지원을 이용하는데 상시 주거용 주택의 경우 도심지에 비해 비싼 에너지 사용 비용이 부담으로 다가온다. 이러한 현실에 본 주택의 난방은 신재생에너지인 지열을 적용하고, 온수 사용은 보조열원으로 기름보일러를 설치하였다.

1_ 지열에너지란?

근본적으로 태양에너지라고 할 수 있다. 태양열의 47%가 지표면을 거쳐 지하에 흡수되며, 지하 100~200m 깊이의 평균 온도는 10~20℃ 정도이고 지하 수 km의 온도는 40~150℃라고 한다.

이러한 땅속 깊이의 일정한 온도를 활용, 지하 150m까지 천공하여 파이프를 넣은 후 물을 순환시켜 활용하는 시스템이다. 지열보일러의 구조는 순환수 파이프와 순환수를 이용하여 열을 얻거나 내보내는 히트펌프, 열을 저장하는 축열탱크로 구분할 수 있다. 겨울에는 순환수 파이프를 통하여 지하의 따뜻한 물을 끌어올려 히트펌프에서 열을 모아 축열탱크에 저장하여 난방과 온수에 사용하며, 여름에는 지하의 시원한 물을 끌어올려 에어컨의 냉매 대신 사용하는 원리이다.

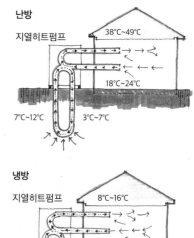

난방

지열히트펌프

38℃~49℃
18℃~24℃
7℃~12℃   3℃~7℃

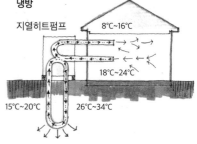

냉방

지열히트펌프

8℃~16℃
18℃~24℃
15℃~20℃   26℃~34℃

1. 지열보일러의 특징

· 장점 - 지열 시스템에 이용하는 전기는 냉동기 압축 구동에 필요한 유도전동기를 사용하므로 3상 4선식 380V를 사용한다. 누진제가 적용되지 않는 일반 전력을 사용하므로 전력 비용의 부담이 크지 않으며, 가스나 기름 대비 연료비의 80% 정도, 냉방 시에는 일반 전기 사용에 비해 최대 50% 정도 절감된다고 한다.

· 단점 - 천공 위치의 지반 상태에 따라 효율이 떨어지거나 재천공을 하여야 하는 경우 추가 비용이 발생하며, 전기 3상4선식으로 인입 공사 비용(재+인+한전 지급 비용)이 추가로 발생한다. 난방수 온도 설정은 47° 내외(높은 온도로 가열되도록 설정할 경우 온수탱크의 내구성이 떨어짐)로 일반 보일러 최대온도 약 85°에 비해 낮아 난방수를 높은 온도로 사용하는데 제한이 있다. 순간 급탕 및 배관 길이 등에 따른 온도 손실 부분 또한 발생된다.

※ 일반주택에서의 지열난방은 2009년부터 그린 100만호 보급사업으로 시작되었다. 현재 신재생에너지보급(건물지원)사업의 정부 설치 보조금은 5RT 기준 1,114만원(2020년)이 지원되며, 지방자치단체에 따라 추가 지원을 해주는 지역도 있다.
　· 사업비에 소요되는 총비용은 지원금 포함하여 2,200만원 예상
　(지열 히트펌프의 냉·난방에너지 부분 중 냉방 부분은 정부 지원 사업에서 제외)

2_ 시공

1 지열 천공 작업 : 수직 밀폐형(직경 150mm, 천공 깊이 150m), 천공 시 지하수가 많이 나오면 배수 처리 계획을 별도로 수립하여야 한다. 땅속 지반이 약할 경우 강관 파이프를 삽입하여 천공 부분이 막히지 않도록 하여야 하므로 이때는 비용이 증가된다.

2 천공하기 위한 롯드(80mm x 3m, 50개)

3 지중 열교환기는 고밀도 폴리에틸렌(HDPE) 파이프를 사용(SDR11 32mm 파이프)

4 천공 완료

5 열교환기 삽입 준비

6 열교환기 삽입

7 열교환기 삽입 완료

8 천공심도 측정

9 측정심도 151.6m 확인

10 교반기 : 벤토나이트+유동화제를 배합하기 위한 통

11 반입된 벤토나이트

12 유동화제

13 천공된 홀 속에 벤토나이트 액 삽입 준비

14 교반기에 배합한 벤토나이트액을 천공된 홀 속에 채운다. 천공된 홀 주변으로 오염수, 표면수가 흘러 들어가지 못하도록 하며, 천공
  부분 침식 현상 방지 목적이다.

15 트렌치 배관을 매설하기 위한 터파기 작업(천공 위치 ↔ 보일러실), 깊이 1.5m

16 지중열 교환기 및 트렌치 배관 설치 위치는 동결심도보다 깊게 설치하여야 한다.

17 지중 순환 열매체(지중 순환수)의 누수 방지를 위해 열융착법으로 연결한다(수명이 50년 이상).
  관 수평 간격 0.2m

18 트렌치 배관 공사 완료 후 되메우기 : 파이프가 매설된 위치에 표시한 후 되메우기 전 기계실 열원부 배관 각각에 대하여 최고
  사용압력의 1.5배 이상의 압력에서 48시간 이상 압력시험을 실시하여 확인 후 되메우기를 한다.

19 기계실 내부 : 축열조 500L, 히트펌프(5RT), 팬 코일 냉매 순환펌프(냉방용), 난방면적 40평, 인입전력(지열용) 10kw 3상4선식관
  수평 간격 0.2m 이상 유지

[친환경건축이란]

기후 변화의 위기로 에너지 절감과 온실가스 배출을 최소화하기 위한 건축물의 설계 방법과 신재생에너지에 대한 건축이 활발하게 이루어지고 있다.

친환경건축은 크게 패시브(Passive) 건축과, 액티브(Active) 건축으로 나뉜다.

패시브(Passive) 건축은 채광, 환기, 바람 등의 미시기후와 건물의 외벽 및 지붕의 녹화, 고효율 창호 단열 등 건축의 기본적인 원리를 이용하여 건축물의 냉, 난방 부하를 감소시키고 공간의 쾌적성을 향상시킬 수 있도록 한 설계 중심의 건축이다. 액티브(Active) 건축은 친환경 설비를 통한 신재생에너지인 태양광, 태양열, 지열 설비와 광 덕트, Cool Tube System, 풍력발전 등이 있다.

남대리 친환경주택

대지위치 : 전라북도 군산시 옥산면 남대리
대지면적 : 1,088.66㎡(329.30평)
구조 : 철근콘크리트구조
층별면적 : 1층 - 197.70㎡(59.80평)
연면적 : 197.70㎡(59.80평)

① 태양광 발전　　⑥ 생태 연못
② 태양열 집열기　　⑦ 풍력 발전
③ 지열 설비　　　⑧ 방풍림
④ Cool Tube System　⑨ 간이정수시설
⑤ 광덕트　　　　⑩ 온실

패시브건축 개념도

환기 시스템

여름에 맞바람이 통하도록 창호의 위치를 고려하고 자연통 풍과
미기후를 고려하여 최적한 자연환기가 되도록 하고 있다.

평면 개념도

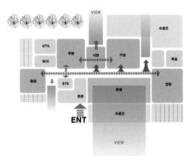

태양광 발전설비

태양광 발전설비는 태양의 빛 에너지를 바로 전기적 에너지로 전환하여 사용하는데, 정부 지원 규모는
3kw 이하이며, 약 30㎡의 설치 면적이 필요하다.

태양광 발전시스템 구성도

태양열 설비

태양열의 복사 에너지를 흡수하여 재생 가능한 열에너지로 변환시키는 태양열 이용기기이다. 일반주택에서도 태양열을 이용하여 온수 사용 및 보조 난방이 가능한 시스템으로 저비용으로 고효율을 얻을 수 있다.

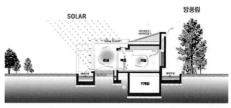

Section

태양열 집열기 계통도

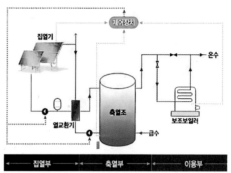

지열설비

물, 지하수 및 지하열 등의 온도차를 이용하여 태양열의 약 47%가 지표면을 통해 지하에 저장된다. 태양열을 흡수한 땅 속의 온도는 지형에 따라 다르지만, 지표면 가까운 땅 속의 온도는 대략 10~20℃ 정도로 연중 큰 변화가 없지만 지하 깊숙한 곳의 온도는 40~150℃ 이상을 유지한다. 지열 발전 시설은 시추공을 통하여 지하에 저류되어 있는 지열 유체를 분출시키거나, 물을 주입시켜 고온의 물이나 수증기를 뽑아낸 후 그 지열에너지를 전기에너지로 전환하는 방식이다.

광덕트

햇빛의 직진 및 굴절, 반사의 특성을 이용하여 햇빛이 전혀 들어오지 않는 공간이나 햇빛이 부족한 공간에 자연 채광을 유입되도록 한 친환경 조명장치이다. 특별히 설계된 채광돔을 건물의 지붕 또는 벽면에 설치하여 채광돔으로 집관된 빛을 튜브 모양의 수퍼 반사관 내부로 굴절시켜 반사판 내부에서 확산 및 재반사되어 디퓨져를 통하여 멀리 떨어진 공간으로 빛을 유도하는 방식이다.

광덕트(태양광 채광 파이프)는 낮 시간동안 햇빛을 필요로 하는 건물 내부 어두운 공간에 태양광을 유입시켜 쾌적한 환경을 만들어 주는 시스템이다.

Cool Tube System 냉방부하 저감

신선한 외기를 지하에 매설된 관에 유입시켜 지하의 열원과 열교환을 시킨다. 절기에는 예냉된 공기를 공조기로 보내 냉방부하를 감소시켜 주고, 동절기에는 예열된 공기를 이중외피의 하부에 공급하여 난방에 이용한다.

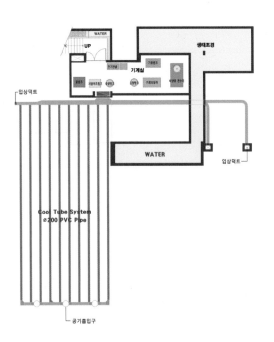

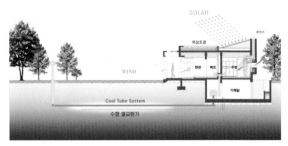

Section

제30장

부대 토목공사

본 현장에서 부대 토목공사는 외부 정화조, 우·오수배관 공사와 차장(보행로·테라스·수돗가·장독대) 등 관련한 지정 및 콘크리트공사이다. 오수를 배출하는 건축물을 지을 때에는 개인하수처리시설을 설치하여야 한다. 개인하수처리시설이란 건물·시설 등에서 발생하는 오수를 침전 분해 등의 방법으로 처리하여 방류하는 것을 말한다. 집안에서 정화조까지 연결된 관을 오수관이라고 하고 오수처리시설로부터 외부로 나가는 관을 하수관, 우수가 흐르는 관을 우수관이라고 한다.

1_ 정화조 종류

① **단독정화조** : 순수 변기에서 나오는 오수만을 정화조를 거쳐 외부로 방류되는 방식
② **오수처리시설**(소규모 하수처리시설 형식) : 욕실, 주방에서 사용된 모든 오수와 생활하수가 정화조를 거쳐 방류되는 방식이다.
③ **우·오수용 관로가 매설되어 있는 지역**(주로 택지조성지역, 신시가지 등) : 대지 내 별도의 정화조 설치없이 오수와 생활하수를 대지 내 최말단부 오수받이를 통해 시의 관로에 연결하며, 행정관청으로부터 원인자 부담금이 부과된다.

2_ 정화조 시공

· 맨홀 속 안전망 설치
· 정화조 기초 바닥, 지면과 접하는 부분에는 콘크리트를 타설해 정화조가 압력에 영향을 받지 않도록 한다.
· 정화조 탱크가 매립되는 주변에는 고운 흙 또는 모래로 되메우기 하여 탱크가 손상되지 않도록 한다.
· 정화조 상부에 주차장이 위치할 경우에는 정화조 박스(box)를 콘크리트 구조로 하며, 박스 사이 공간에는 고운 모래를 채워 탱크가 단단히 고정되도록 한다.
· 시공 전과 후의 사진 촬영하여 정화조 준공 시 첨부

위의 관련 기준은 행정관청에 따라 적용 기준이 다를 수 있으므로 확인하여 시공한다. 시공 과정에 대한 전후 사진 촬영을 하여 정화조 준공 시 행정관청에 신청 서류와 함께 제출하여야 한다.

※ **원인자 부담금이란** : 오수를 하수처리장으로 유입하여 처리함으로써 오수처리시설(단독, 오수정화조)을 설치하지 아니하는 경우에 그 오수처리시설을 설치하는 데 소요되는 비용의 전부 또는 일부를 공공하수도 설치에 필요한 비용으로 부담하는 것을 말한다. 부담금 대상은 건축물에 하루 10m³ 이상 배출하는 건축물에 부과된다.(환경부 업무편람 중 - 건축물 오수 발생량 및 정화조 처리 대상 인원 산정 기준).
· 지역과 위치에 따라 정화조 기준이 다르므로 관할 행정관청에 확인하여 설계도서 작성 시 반영하여야 한다.

3_ 정화 방식별 생활 하수, 오수 계통도

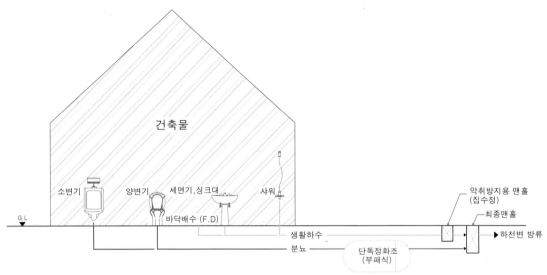

정화조(집수정 사용 시)

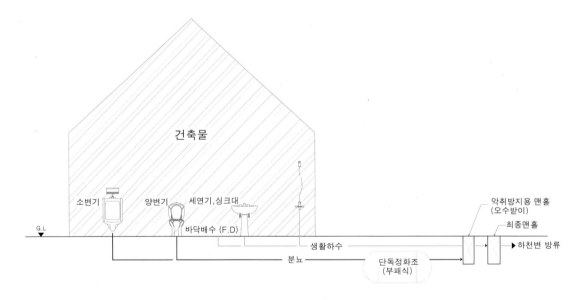

정화조(오수받이 사용 시)

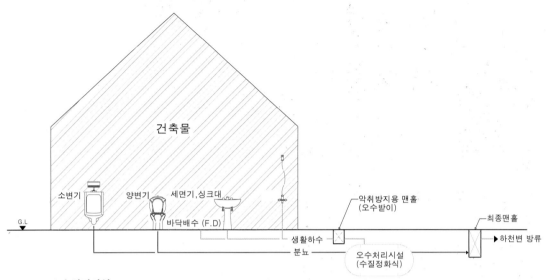

오수처리시설

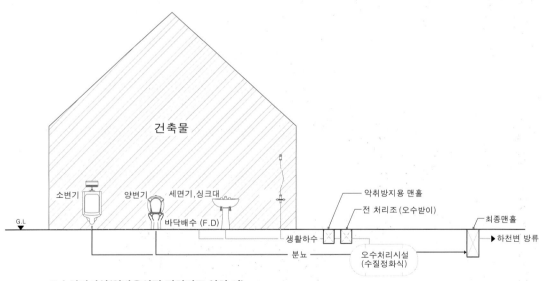

오수처리시설(일반음식점 전처리조 설치 시)

4_ 시공

1 외부 배관 공사용 재료 반입(THP 주름관, 배수용 PVC VG2, 빗물받이 맨홀, 콘크리트 맨홀, 오수받이, 빗물 저류 탱크, 정화조 등)

2 배수관 공사를 위한 터파기 작업

3 주택 바닥콘크리트 속에 묻힌 배관 청소 및 경사도 확인

4 콘크리트 밖으로 빠져 나온 모든 설비 및 전기배관은 작업 마무리 후 콘크리트와 접한 면을 깨끗이 닦아내고 백업재 충진을 한 다음 실리콘으로 밀실하게 마무리 한다.

5 욕실 오수, 생활 하수 배관공사

6 배수공사 PVC PIPE VG2(100mm / 150mm / 200mm) 구간별 용량에 따라 시공

※ 바닥 콘크리트 속에 매립된 설비 및 전기배관은 외부 연결 공사 후 되메우기 전 모체와의 접합면에 밀실하게 실리콘 처리하여 벌레 등이 배관 사이로 침투하지 못하도록 조치한다.

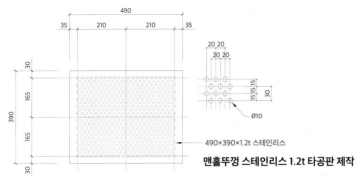

490×390×1.2t 스테인리스

맨홀뚜껑 스테인리스 1.2t 타공판 제작

수평기
경사도 확인

7 빗물받이 맨홀(410x510x600, 940) 및 우수 배관공사

8 오수관(경사도 확인)

9 FRP 단독정화조 : 2단 부패식 분뇨 정화조(10인용)

10 정화조 바닥 콘크리트 타설

11 정화조 매립

13 도로변쪽 오수관(설치 깊이 - 1.4m)

15 주택 내 → 정화조 → 하천으로 연결된 기존 주름관에 연결
16 도로 경계면에서 오수관 매설 위치를 기록하기 위한 측정
17 오수관 되메우기 작업 및 배관 연결부 실리콘 작업

19 도로변 쪽에 설치한 우수관에 마당 앞의 우수관 접속

21 관 중간부에 우수량 증가 예상에 따라 100mm에서 150mm로 관 규격 증가시킴

22 우수관 매립 깊이 1.25m 확인

23 배수관(우수)공사 후 되메우기 작업, 건축주가 삽을 들고 감독하고 있다.

24 욕실 내 생활하수, 원활한 배수 흐름을 확인하기 위한 점검

※ 배수관 공사가 일부 완료되면 관에 물을 채워 압력을 확인하도록 한다. 배수관에 물을 흘러 보내 연결부 접합과 배수 흐름을 확인한다. 이는 공사 중에 벽 또는 바닥에 매립된 배관에 공사 과정에 의한 손상 여부가 있는지 흙을 메우기 전에 다시 한번 확인하기 위함이다.

26 외부 배관 연결 부분에서 배수 흐름 상태 확인

27 배수 상태 확인 후 되메우기 작업

28 빗물 저류조 설치를 위한 터파기

30 빗물 저류조 연결 배관공사 : 지붕 우수와 마당 입구 실개천을 통과한
자연수를 빗물 저류조에 저장하여 정원수용으로 재사용하기 위해 배관
최종 말단부에 저류조 설치

33 정화된 오수와 빗물 저류조를 거친 우수는 하천변에 유입되기 전 작은
생태 연못을 거쳐 흐르도록 하였다.

5_ 성토

1 25톤 차량을 이용, 대지 내 성토를 위한 마사토 반입(현장 상황에 따라 15톤 덤프트럭으로 토사를 받을 때가 있는데 이는
비용 대비 반입 토사량이 적다) 대지 내에 여유 공간이 있을 경우 주변에 확인하여 미리 흙을 받아 놓는 것도 좋은 방법이다.

2 50cm 이상의 성토 또는 절토(경작을 하기 위한 토지의 형질 변경 제외)는 개발행위허가에 해당된다.

굴삭기를 이용, 반입된 마사토 정리 작업

6_ 주차장 외 지정공사 - 잡석다짐

1 주차장, 보행로, 테라스, 장독대, 수돗가, 정화조 상판의 콘크리트 작업을
  위한 가설재 반입(거푸집, 강관 파이프 등)

2 주차장 터파기 중 배수관(직경 200mm) 파손으로 보완 작업 중

4 주차장, 보행로, 테라스 잡석다짐(두께 25cm) 및 거푸집 설치(작업 효율성을 고려하여 02굴삭기 사용)

7_ 주차장 외 공사 - 철근배근

1 콘크리트 타설 높이를 정하기 위한 레벨 측량 중

2 주차장 바닥 철근배근

3 빗물 저류조 탱크 상부 철근배근

4 일반적으로 보행로와 테라스는 철근 배근을 생략하고 토목용 와이어 메시 설치 후 콘크리트 작업을 하는 경우가 많다(오랫동안 튼튼하게 주택이 유지되도록 심열을 기울여 작업).

5 주차장, 테라스 철근배근 검측(간격-HD 10@200)

6 거실 앞 테라스

7 보조주방 후면 테라스 – 벽돌을 사용한 스페이서(철근 간격 유지) 설치

8 콘크리트 타설을 위한 준비 작업 완료

9 콘크리트 타설(타설 후 미장 공정을 고려해서 오전부터 서둘러서 작업)

10 주변 토사 정리 작업을 병행하기 위해 펌프카 대신 굴삭기를 이용하여 작업

11 빗물 저류조 상부 콘크리트 타설

12 뒤뜰에 위치한 장독대, 수돗가(지하수 탱크를 포함하여 형성)

콘크리트 타설 완료

8_ 양생 및 거푸집 해체

1 양생 중

3 보일러실 바닥 콘크리트 타설 전 지열용 트렌치 배관 선 시공

4 거푸집 해체 후 주변 정리 작업

5 단독정화조 설치 완료 : 환기구는 지면으로부터 2m 이상 위치에
환풍기가 놓이도록 설치하여야 한다(임시 설치). 벤취레타는 가능한
철재용 제품과 정화조 뚜껑은 차도용 제품을 사용한다.

※ 오수 정화조 설치는 단독정화조와는 다른 증폭기가 설치되는데, 주택의 분전함에서 단독으로 전원이 연결되도록 한다.

9_ 인접지 유공관 설치 및 장독대 황토 미장

1 북쪽 인접 토지로 우수가 흘러가지 않도록 배수관(유공관) 설치

2 빗물 저류조 내부에 단열재 설치

3 장독대 황토 마감(장독대가 놓이는 바닥에는 태양열이 축열되는 석재 종류의 재료는 좋지 않으며, 황토미장 또는 점토벽돌을 모양을 내어 설치하는 방법도 좋다.

10_ 가설재 반출

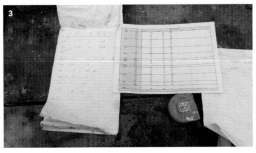

1 외부 부대 토목에 사용된 가설재를 반출하기 위한 재료별 정리

3 수량 확인 – 반입량과 반출량 비교

[오수처리시설]

오수처리시설은 건물과의 관계, 원활한 배관작업, 향후 사용과정에 대지 활용성
등을 종합적으로 고려하여 위치를 정해 시공한다.

1 정화조 콘크리트 BOX 설치 - 건물에서 연결되는 오, 배수관 → 오수받이
→ 정화조로 배관을 연결하며, 오, 배수의 흐름이 원활하도록 정화조 박스
레벨(BOX level)을 정하고 바닥에는 수평이 되도록 기초콘크리트 타설

2 콘크리트 BOX에 FRP 정화조(w2900 x d1500 x h1500) 안착

3 콘크리트 BOX와 정화조 통 사이에 고운 흙, 모래 등을 채움

5 오수처리시설 유출부에 배관을 대지 말단부 맨홀에 연결하며, 매립 배관
주변에는 대지 정지작업 중 하중이 가해져 배관이 파손되지 않도록 고운
모래 등을 포설한다.

6 오수받이 및 배관 연결 작업

전기 에어 브로어(GL+0.3m)

환기구 높이
1.8m 이상

오수받이 350(D300)
×710×150×100

침전분리조 - 유량조정조

접촉폭기 1조
접촉폭기 2조
접촉폭기 3조

침전 장류조

10·11 오수처리시설은 호기성접촉폭기(생물이 공기 속이나 산소가 존재하는 곳에서 생장할 수 있는 성질) 방식이며, 브로어에 전원을 공급하면 오수처리시설의 각 침전조에 산소를 공급함으로써 미생물이 살 수 있는 환경을 만들어주게 된다. 변기에서 정화조로 유입되는 하수의 BOD(Biological Oxygen Demand, 생물학적 산소요구량)는 380ppm 정도인데 오수처리시설을 통해 20ppm 이하로 수질을 맑게 하여 방류되도록 한다. 맨홀 속에는 안전을 위해 철근 등을 이용 격자로 틀을 만들고 부식 방지를 위해 엑셀 배관 등으로 피복을 한다.

12 화장실 위생기구 및 저소음 브로어 설치

14 오수받이에는 여러 개의 배관이 연결되도록 만들어져 있는데 이중 봉수(물 저장소) 쪽 배관에는 생활하수, 소변기 등이 연결되도록 하고 좌변기에는 물이 차 있지 않은 배관 쪽에 연결한다.

제31장

내장 목공사 목재 문

내부 목재문 및 손잡이, 정첩 등의 하드웨어 대부분의 마감공사가 마무리되고 바닥 온돌마루공사 전 또는 후에 설치한다. 도어 규격은 별도 제작(1000x2350)으로 천연 무늬목 위 우레탄 래커 도장 마감을 하였다.

거실과 침실의 바닥 마감재를 달리 적용하던 시기에는 문 하부에 문틀(sill)을 설치하여 마감재가 문틀에서 마감되도록 하였으나 전체 바닥을 온돌마루 또는 타일 등의 하나의 재료로 시공하면서 하부 문틀을 생략하고 있다. 이러한 시공 방법은 문틈 사이로 소리와 바람이 통과되는 불편함이 따르기도 한다. 이때에는 문짝 아래 모서리에 홈을 내어 오토실을 설치하여 보완하는 방법이 있다. 문짝 설치는 온돌마루 시공 후 설치하며 바닥과의 틈새를 3mm(10원짜리 동전 두께) 이하가 되도록 한다. 또한 마루 시공 전에 설치할 경우에는 바닥과의 틈새가 크게 나지 않도록 주의한다.

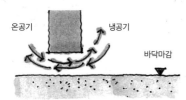

일반적인 문 형태

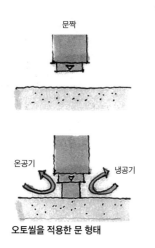

오토씰을 적용한 문 형태

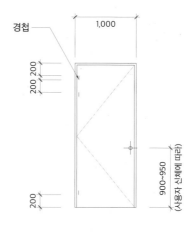

내부 목재문 철물 설치 상세도

※ **차음도어시스템(오토씰)**
　문을 닫으면 자동으로 고무패드가 내려와 바닥과 밀착되어 틈을 막아 주어 하부틈으로의 공기 차단, 소음 방지 효과가 있다. 틈새 크기에 따라 고무패드
　조절이 가능하다.

1_ 목재 문 설치

1 문짝 설치 준비

2 문짝을 문틀에 고정하기 위한 경첩 위치 따내기 작업

3 모티스락을 설치하기 위한 따내기 작업 : 모티스 핸들은 고급문에 설치되는 손잡이인데 손잡이와 별도로
잠금 보조장치가 있는 문 손잡이다. 재료비도 고가이고 목수 설치 작업 또한 일반 손잡이 설치에 비하여
시간과 노력이 많이 소요된다. 또한 일반 도어핸들은 손쉽게 교체가 가능하지만 모티스 타입은 제품에
따라(프론트의 위, 아래 길이와 좌, 우 폭 등) 규격이 다르므로 설치된 제품을 확인하여 교체하여야 한다.

4 현관 중문 3연동 도어 문짝 및 엣칭유리 설치

모티스 도어핸들(양여닫이)   방 외부   방 내부

본 주택 내부 목재 문
1 현관 중문 3연동 접이식 미닫이문
2 침실 여닫이문, 드레스룸 미닫이문

클래식 스타일의 모티스 도어핸들을 적용한 현관 중문, 침실 양여닫이문

모던, 클래식 스타일의 드레스룸, 보조주방 미닫이문

※ 미닫이문(포켓도어)

미닫이문은 여닫이 형태에 비하여 공간의 효율성이 필요한 드레스룸, 욕실, 보조주방, 현관 중문 등에 주로 적용하는데, 재료비와 설치 비용이 증가된다. 미닫이문은 문짝 내외부에 틀 작업이 별도로 필요하며, 문의 기능을 위한 바닥에 가이드 설치, 상부에 댐퍼레일, 문이 열리면서 벽에 직접 닿지 않도록 하는 고무 스토퍼, 오목 손잡이 등이 설치된다. 틀 구성은 각재보다는 각 파이프를 설치하여 뒤틀림이 없도록 하는 것이 필요하며, 하드웨어와 시공 품질에 따라 하자 가능성도 있기 때문에 설계과정에서 공간의 효율성을 고려하여 적용 여부를 판단하도록 한다.

제32장
수장공사 벽지

벽지공사는 내부 바닥 마감공사(온돌마루) 전에 시공한다. 현대주택의 벽, 천장에 주로 사용되는 재료는 벽지 외에 페인트, 목재(루버), 석재 등 다양한데, 본 주택의 벽 마감은 종이벽지(합지)가 적용되었다.
벽지 종류로는 비닐(실크)벽지, 종이벽지, 발포벽지, 직물(지사)벽지, 한지벽지 등 다양하며, 일반적으로 사용되는 벽지는 종이벽지와 비닐벽지이다. 시공 방법은 바탕면의 재료와 평활도에 따라 달리한다.

1_ 재료

1. 초배지
초배지는 한지(참지, 백지, 피지) 또는 양지(갱지, 모조지, 마분지) 등 다양하다. 질기고 풀을 발라 붙이기에 용이한 것으로 한다. 부직포는 코팅지를 봉투 바름할 경우 일반 초배지만으로는 도배지의 수축력을 감당하지 못하여 도배지가 터지는 경우가 있는데, 이를 보강하기 위하여 사용한다.

2. 재배지
재벌 바름에 사용하는 종이는 초배지와 같은 것을 쓰거나 갱지, 양지 등이 있다.

3. 정배지
정배지(마감벽지)에 사용되는 벽지는 일반적으로 종이벽지와 비닐벽지가 주로 사용된다.

2_ 규격

① 종이벽지(합지) : 910, 930mm x 18.0m 장폭(광폭)이 주로 사용되며, 520mm x 12.5m 소폭이 있음
② 비닐벽지(실크) : 106mm x 15.6m
③ 1롤당 16.5㎡(5평)

3_ 시공 시 유의사항

① 도배 작업 중에는 난방을 하지 않는다. 급격한 경화로 도배 이음매가 터질 위험성이 있기 때문이며, 공정상 난방과 동시에 도배공사를 해야 하는 경우에는 난방을 약하게 하고 창문을 열어 환기한다.

② 도배 작업 후 풀이 완전히 건조될 때까지 창문 등을 열어서는 안 된다. 부분적으로 급속히 건조되어 터짐 현상이 발생하기 때문이다. 이는 초배, 정배 장판지 시공 시의 공통사항이다.

③ 작업 완료 후에는 내부 방문을 열어 놓아 실내 공기의 부분적인 온도 차이가 없도록 한다. 욕조에 물을 담아 수증기 증발에 의한 습도 조절이 되도록 하면 더욱 좋다.

④ 현관 및 거실 등 동선이 빈번한 공간의 벽, 모서리 또는 오염이 될 우려가 있는 지점은 부분적으로 초배지로 보양한다.

⑤ 도배공사 후 입주가 늦어질 경우에는 내부 방문을 열고 외부 창을 10cm 정도 열어 지속적으로 환기가 이루어지도록 한다. 이는 환기가 되지 않는 상태로 시간이 지속되면 곰팡이가 발생할 수 있기 때문이다.

⑥ 작업 과정(바탕면, 초배, 재배) 중에 바탕면 또는 작업된 면이 미건조 상태에서 후속 마감재를 시공할 경우 곰팡이, 들뜸, 변색 등의 현상이 발생할 수 있다.

4_ 종이벽지 - 석고보드면

1 바탕 처리 및 초배지 시공

· 석고판 바탕은 이음새를 10cm 초배지로 2회 바르며, 이음은 10mm 이상 겹침한다.

· 초배, 정배의 각 붙임의 이음은 엇갈리게 하고 주름살이 없게 이음새를 맞추어 붙인다.

· 초배지는 봉투 바름을 금한다.

· 초배지는 섬유의 결에 따라 인장강도의 차이가 크다. 초배지의 가로 방향은 정배지의 길이 방향과 교차되도록 시공해야 한다.

· 동절기 실내온도가 낮을 경우 초배지 시공을 하지 않도록 한다.

· 벽, 천장의 가장자리와 문틀 주위는 10cm 정도 초배지를 붙이지 않는다. 이것은 정배지가 말리거나 떨어지지 않도록 하기 위함이다.

2 잠재우기

풀칠한 벽지는 겉면에 풀이 묻지 않게 가볍게 접어서 약 5분 정도 여유를 두고 도배한다. 잠재우기를 하는 이유는 풀이 벽지에 적당히 스며들면 부드럽게 되어 도배 시 벽지의 접힘을 방지하고 무늬 맞춤 등 시공이 용이하기 때문이다. 미리 풀칠을 해놓아 잠재우기 시간이 너무 길어지면 벽지의 폭 마다 수축 상태가 달라질 가능성이 있어 무늬 맞추기와 작업이 어려워질 수 있다. 또 접착제가 건조되어 떼어 내면 속지가 묻고 일어나서 벽지를 버릴 우려가 있으므로 유의해야 한다.

3 벽지 시공 전 조명기구가 매립되는 곳은 미리 타공하여야 한다.

4 정배지 시공

· 초배지가 완전히 건조된 후 정배지를 붙인다.

· 접합 방법은 맞댄 이음으로 하는 방법과 5mm 정도 겹치는 겹침 이음 방법이 있다.

· 분합문 및 창틀 상부 사춤 부위는 1~3cm 틈이 있으므로 도배 시 문틀 10mm 정도까지 감아 내려 시공하도록 한다.

· 재료 분리대가 설치되는 부위는 재료 분리대 선시공 후 도배지를 시공한다.

· 벽의 한 높이를 벽지 여러 장으로 붙일 때에는 밑에서부터 위로 붙여 올라가는 것을 원칙으로 한다. 다만 굽도리는 벽지를 붙인 다음
붙여도 무방하다.

5_ **실크벽지** - 모르타르면

실크벽지는 벽지 시공 부분에 55cm 폭으로 부직포를 상, 하 부분에만 붙인 후 그 위에 운영지(초배지)를 전체
풀칠하여 붙인다. 다음 정배지(실크벽지)는 상하, 좌우 10cm 폭으로 풀칠하여 붙인다.

1 바탕면 퍼티 작업(초배지 붙임 자리에
평활도를 위한 줄퍼티 작업)

2 퍼티용 재료(핸디코트)

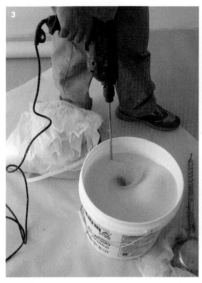

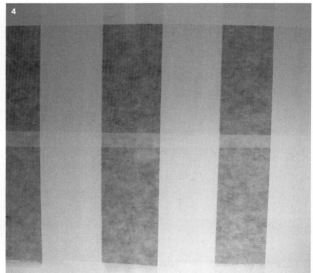

3 초배지 붙임을 위한 풀 혼합

4 초배지 시공 후 정배지 붙임 위치에 정배지를 보강하기
위해 심을 댄다(뛰움 시공).

5 초배지 시공 후 평활도 위한 부분 퍼티 보완 작업

6 기계 풀칠 작업

7 풀칠한 정배지 잠재우기

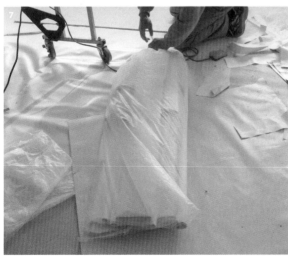

본 주택 벽지 마감

클래식 스타일의 서재 벽지

캐주얼 스타일의 침실 벽지

클래식 스타일의 벤자민무어 및 안티스타코 도장

모던 스타일의 벽 대리석

제32-1장

칠공사 벽·천장

주택 내부 공간에 마감재료로 주로 사용되던 재료가 벽지였다면 최근에는 페인트, 루버, 대리석 등 다양한 재료가 사용되고 있다. 그 중에서 페인트는 모던함을 표현한 주거공간 뿐만 아니라 다양한 건축공간에서 사용되고 있다.

페인트 시공 과정

1 석고보드면 1차 줄 퍼티

2 2차 퍼티 작업, 1차 작업면 건조 후 진행

4 퍼티 작업 후 평활도 위한 샌딩

5 벽면 전체 퍼티

6 샌딩

7 모서리 부분 등 실리콘 작업 및 마무리 뿜칠을 위한 보양

8 전체 마무리 칠 작업 후 부분 보완

제33장
설비공사 위생기구

대부분의 공사를 완료한 후 벽지 또는 바닥 온돌 마루공사 전에 시공되는 공종으로 욕실, 주방, 보조주방의 위생기구 및 수전 등이 해당되며, 샤워 칸막이와 수건장은 별도 전문업체에 맡겨서 제작·시공한다. 벽부형 세면기 설치는 장기적인 사용에도 견딜 수 있도록 견고하게 설치한다.

본 주택 욕실

모던 스타일의 욕실

모던, 클래식 스타일의 욕실

제34장

수장공사 온돌마루

온돌마루는 현대주택의 바닥 마감재로 주로 사용되는데 본주택에는 온돌마루 중 합판마루가 시공되었다. 그 종류는 표면에 붙이는 무늬목의 두께와 표면 재료에 따라 크게 네 가지로 나뉜다. 온돌마루공사는 주택에서 내부 마감의 최종 단계에 작업되는 공종으로 현장 상황에 따라 조명기구 부착 이전 또는 이후에 시공한다.

원목마루(내츄럴티크)

1_ 온돌마루 종류

1. 원목마루
미송이나 라왕 등의 겹친 판재 위에 2~5mm의 두 겹 이상의 원목을 붙인 뒤 표면에 UV코팅 처리한 것으로 외관, 질감, 표면 강도, 안전성 등 모든 부분에서 우수한 제품이다.

합판마루(티크)

2. 합판마루
일정 두께(6~8mm)의 합판 위에 0.2~0.5mm 두께의 얇은 천연 무늬목을 붙인 것으로 목재 질감이 나타난다. 합판 위 천연 무늬목으로 표면 강도가 약해 찍힘, 눌림 등 충격에 자국이 생길 수 있다.

3. 강마루
합판마루와 같으며 합판 위에 천연 무늬목이 아닌 필름을 붙인 것이다.

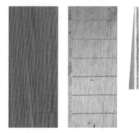

강마루(티크)

4. 강화마루
파티클보드(PB)나 MDF(목재를 갈아 톱밥을 접착시켜 만든 것) 위에 나무 무늬가 인쇄된 LPM(필름지)을 붙여 만든다. 바닥에서 띄워 시공되기 때문에 난방 시에 열전도율이 약하며, 사용자에 따라 심리적으로 안정감이 떨어지는 느낌이 들기도 한다.

강화마루(티크)

※ 현장에서 간단히 모르타르 바닥 건조 상태 확인하는 방법 : 마루 시공 전 비닐 또는 장판지 등을 바닥에 깔아 고정 후 1일 정도 지나 비닐 속에 습기가 없으면 시공이 가능하다.
 · 비용 차이(동일한 조건의 경우) : 원목마루 > 합판마루 > 강마루 > 강화마루 > 장판지

2_ 시공

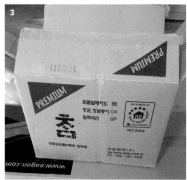

1 마루를 깔기 위해서는 모르타르면의 습기 제거가 우선이다. 이를 위해 시공 15일 전에는 보일러를 설치하여 약 1주일간 약하게 난방을 한다. 바닥면이 충분히 건조가 되었다고 판단되면 함수율 테스트기를 이용하여 건조 상태를 확인한 후에 시공한다(함수율 최적의 조건은 4.5% 이하에서 시공되도록 하며, 시공 중에는 바닥 난방을 중지한다).

2 온돌마루(합판마루) 반입

3 접착제

4 방통 모르타르 타설 후 건조 과정에서 바닥이 갈라지기도 하는데, 갈라짐의 정도가 클 경우에는 균열 보수제로 시공 20일 전에는 밀실하게 메꿈 처리하도록 한다.

5 바닥 모르타르면의 편차가 2~3mm 이내로 시공되도록 한다. 이를 위해 모르타르 시공 시 평활도 확보를 위한 작업이 선행되어야 한다.

6 마루 시공 전 바닥 레벨을 균일한 상태로 만들기 위한 부분 샌딩 보완 작업

7 마루 깔기 준비

8 마루 시공은 거실창을 통해 빛이 들어오는 방향에 마루판의 마구리면이 깔리도록 하는 방법이 있으나, 이보다는 공간의 전체적인 조화를 고려하여 결정하도록 한다. 본 주택은 복도의 길이 방향에 마루판의 길이가 놓이도록 시공하였다.

9 접착본드의 양을 충분히 하여 들뜸 현상이 없도록 한다.

10 젖은 수건을 이용하여 스며나온 접착제를 마르기 전에 닦아낸다.

11 마루 및 걸레받이 시공 후에는 접합면을 마른걸레로 깨끗이 닦아낸 후 실리콘 작업을 한다.

12 걸레받이 시공은 마루공사 완료 후에 작업한다.

13 시공이 끝난 후 들뜬 부위는 바닥면과 완전 접착을 위해 중량물을 올려 밀착 고정되도록 한다.

본 주택 거실바닥 온돌(합판)마루

원목마루(Doussie)가
적용된 거실

원목마루와 대리석이
혼용된 거실

폴리싱타일이 적용된
가족실

석공사 거실·바닥·대리석

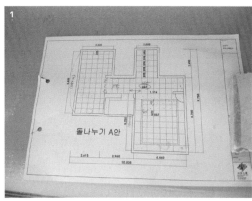

1 시공도 작성 : 공간을 고려하여 대리석 시공이 비례감있게 설치되도록 작성하며 현장 실측 후 시공도 작성 및 검토 과정을 거쳐 자재를 발주한다.

2 재료 반입 : 델리카토크림 두께 20mm(오만), 발주 후 재료에 따라 반입되는 일정이 달라질 수 있으므로 시공 일정을 고려하여 주문한다.

4 검수 작업

5 석재를 시공 위치별로 분류하고 무늬, 색상 등이 양호한 재료를 우선 선별하여 공간에 맞게 시공

6 시공 전 벽면 비닐 보양 및 시공 준비와 더불어 바닥에는 수맥 차단용 은사 필름지를 선 시공

9 백시멘트와 물을 배합하여 바탕 시멘트면에 접착용으로 충분히 붓는다(줄눈 색상에 따라 컬러시멘트 사용)

10 거실과 복도를 경계로, 거실 모서리를 기준으로 시공

11 붙임 모르타르 두께 40mm

14 거실 반대편 기준 석재 시공

16 주방쪽 레벨 측정 작업

19 기준 석재 시공한 복도 방향에서 거실 창쪽 방향으로
    기준선 설치

21 복도 반대쪽 시공

24 전체 기준 석재 설치 후 본격적인 작업 진행

25 시공된 석재 바닥 평활도 확인

26 포인트 석재(티로즈, 스페인산) 깔기

31 대리석 시공 완료, 바닥 양생 후 줄눈 작업을 위한 청소 및 바닥 물 뿌리기(시공성을 높이기 위함)

32 줄눈용 백시멘트를 묽게 배합하여 바닥에 도포(내장용 백시멘트의 알갱이가 거칠어 1차용으로 사용하고 마감용은 유니온 백시멘트를 사용)

34 줄눈 넣기

35 1차 묽게 배합한 줄눈 넣기 후 마감용 줄눈 넣기

36 공간이 넓을 경우 밀대를 이용하여 작업하기도 한다.

37 마무리 보완

대리석 공사 완료

제35장

전기공사 조명기구

전기공사의 마무리 작업인 전기 · 통신 배선 기구 취부 및 조명기구 설치는 온돌마루공사 전, 또는
온돌마루공사 중에 먼지 발생이 심하므로 마루공사 이후에 설치하기도 한다. 조명기구 설치 과정에 마루에
흠집 등의 손상이 발생할 수 있으므로 바닥에 보양 작업 후 기구를 설치하도록 한다.

1_ 조명계획 시 주의 사항

현관등: 사용자의 얼굴과 조명 위치 고려

계단등 : 눈부심 고려

침대에서의 눈부심 고려

주방 상부장 열림 시 조명 충돌 고려

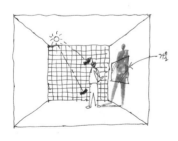

욕실등 계획 시 사용자의 그림자 고려

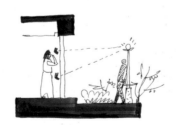

정원등의 불빛이 주택안을 비추지 않도록

천장등은 유지 · 보수가 용이하도록

※ 전기공사 중 검토 사항
· 주방에는 빌트인, 전기레인지, 오븐레인지, 식기세척기 등 전력소모량이 많은 가전제품 사용이 많기 때문에 여유분의 배선과 전력이 공급되도록 한다.

2_ 조명 설치 및 사례

모던, 클래식 스타일의 거실 조명

클래식 스타일의 식당 조명

클래식 스타일의 침실 조명

클래식, 모던 스타일의 서재 조명

세미, 클래식 스타일의 다락, 침실 조명

내추럴 스타일의 계단실 조명

모던 스타일의 복도 조명

커튼월 구성의 계단실 조명

모던, 클래식 스타일의 계단실 조명

모던 스타일의 테라스, 발코니 조명

세미클래식 스타일의 테라스, 발코니 조명

제36장

석공사 테라스 화강석

본 주택 거실 앞쪽에는 외부 테라스를 구성하였다. 재료의 특성과 위치를 고려하여 내부공사가 모두 마무리된 이후 작업하였다. 현대주택의 테라스는 석재, 타일, 목재[(데크재-방부목, 천연목)-사용상 관리 요함] 등의 재료가 주로 사용된다. 본 주택에는 두께 30mm 포천석 잔다듬과 현관 입구 계단에 포천석 통석을 적용하였다. 석재는 인공재료와 달리 자연작용으로 생긴 것이므로 외부 바닥에 사용하기에 강도, 내구성, 인성, 마모성 등이 우수하여 건축물의 바닥과 벽 마감재로 주로 사용하고 있다.

포천석

거창석

1_ 석재의 성인에 의한 분류

1. 화성암 - 화강암, 안산암, 현무암이 있으며, 마그마의 냉각·응고에 따라 생기는 조암광물의 집합체이다.

2. 수성암 - 화성암의 풍화물, 유기물 등이 지중에 퇴적되어 지열과 지압의 영향으로 재응고된 것으로 사암, 이판암, 응회암, 석회암이 여기에 속하며, 퇴적암이라고도 한다.

3. 변성암 - 화성암, 수성암 등이 자연의 압력, 열 때문에 물리적이나 화학적으로 변질되어 결정 또는 얇은 돌이된 것이다. 석회석이 변질, 결정화된 것은 대리석이며, 감람석이 변질 결정화된 것은 사문암이라고 한다.

가평석

노원홍

· 화강석 - 화성암으로 재질이 강하고 석영, 장석, 운모로 구성되어 있으며, 색상별로 건축물의 외장재로 다양하게 사용된다.

· 포천석 - 경기도 포천에서 나오며 백색과 분홍색이 같이 있어 문경석과 거창석 중간 정도의 맑은 색상을 띤다.

· 거창석 - 회백색이며, 가평석과 유사하다.

· 문경석 - 연한 붉은색으로(담홍색), 따뜻한 느낌을 준다.

· 마천석 - 경남 마천에서 생산되는데 국내 석재로는 유일하게 검은색이며(같은 석종으로 중국 석재 C-black 이라고 함), 바닥의 걸레받이, 부분적으로 모양을 내기 위한 공간에 주로 사용되며 포천석 등에 비해 단가가 세 배 정도 비싸다.

· 고흥석 - 전남 고흥에서 채석되는 석재로 회색을 띤다. 포천석 등에 비해 단가가 두 배 정도 비싸다.

문경석

마천석

고흥석

※ 포천석 등 일반적인 화강석은 현재 중국에서 70~90% 정도 수입에 의존하고 있으며, 석재의 맑기가 국내산 화강석에 비해 조금 떨어지므로 이를 고려하여 결정하도록 한다.
· 중국석은 재료 발주 후 반입되는 시간이 일정 기간 소요되므로 이를 고려한다. 특히 소량의 경우 별도로 수입해서 사용하기 어려우므로 시간 여유를 충분히 두고 발주하여야 한다. 또한 중국에서 수입되는 동일한 석종(예: 포천석)이라 하더라도 중국 내 지역에 따라 색상의 차이가 있으므로 사용하는 석재 송장을 보관(유지 보수를 위해 추가 반입할 경우)하여 두는 것이 필요하다.

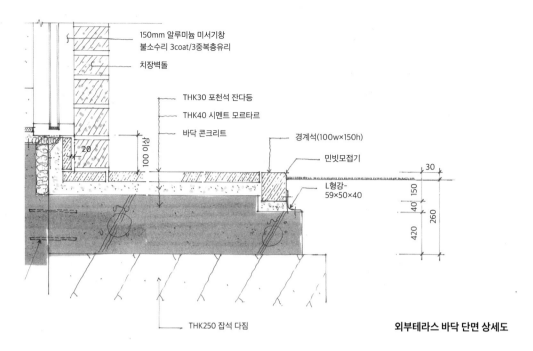

150mm 알루미늄 미서기창
불소수리 3coat/3중복층유리

치장벽돌

THK30 포천석 잔다등
THK40 시멘트 모르타르
바닥 콘크리트

경계석(100w×150h)

민빗모접기

L형강-
59×50×40

30
150
40
260
420

천어 20

천어 100

THK250 잡석 다짐

외부테라스 바닥 단면 상세도

2_ 시공

시공 과정

1 석공사 주변 경계석 설치 ▶ 2 계단 판석 및 통석 ▶ 3 테라스 판석 ▶ 4 양생 ▶ 5 줄눈 넣기

1 테라스 경계석(w-100 x h-150 모서리 민빗모접기), 전체 레벨 확인
2 창틀 주변 단열 보완 작업을 밀실하게 처리한 후 창틀 하부 주변에 방수 작업을 하여야 한다. 경계석 평활도 확인 중

4 계단석 고정을 위한 모르타르 작업 외에 외벽에 앵글 설치하여 고정

7 화강석 깔기 : 500x500x30 – 바탕면에 두께 40mm 비빔 모르타르를 고르게 깔고 붙임용 페이스트를 부어 시공한다. 신축줄눈을 두는 경우에는 발포 플라스틱재 등을 끼우고 실리콘 처리로 마무리 한다.

9 석재 시공 후 3일 정도 지나(바탕 모르타르가 굳은 후) 줄눈 넣기 후 닦아낸다(줄눈은 시멘트를 사용).

11 마무리된 화강석 바닥에 일부 오염이 발생되어 현장 버너구이 작업으로 석재 표면을 한꺼풀 벗겨내는 과정이다. 보완 작업 중 강한 열로 인한 또 다른 오염이 발생하지 않도록 보양과 관리자의 입회 하에 작업하도록 한다.

12 장독대 앞쪽에 수돗가 조성, 1.8m x 2.0m[화강석 잔다듬 : (200x200x30t)]

13 물 탱크실을 활용한 장독대

14 경복궁 함화당 서쪽편에 있는 장고 - 포방전(넓고 납작한 흙으로 구운 벽돌)을 사용하여 조성

이오니아 주범 양식의 현관 기둥

철평석 마감의 후정 테라스

합성목재 마감의 베란다

합성목재 마감의 베란다

타일 마감의 베란다

타일 마감의 발코니

현무암 마감의 테라스

타일 마감의 테라스

방부목 마감의 테라스

제37장
가구공사

내부 온돌마루공사가 완료되면 가구를 설치한다. 가구공사를 위해서는 바닥, 벽 일부 등 가구가 설치되는 주변에 작업 중 손상이 되지 않도록 보양 작업을 철저히 한다. 주택의 가구공사는 시공사가 일괄적으로 시공하는 경우와 집주인이 별도로 발주하여 시공하는 방법이 있는데, 집의 전체적인 균형과 조화를 위해 시공사의 관리하에 시공되도록 하는 것이 좋다.

1_ 공사 중 검토 사항

1. 거실, 일반장
· 전기, 통신 기구와 가구, 가전과의 연결, 간섭되는 부분을 확인한다.
· 큰 규격의 TV 기타 장식장 등을 벽에 부착할 경우 바탕 작업 과정에 설치된 보완재의 위치를 기록하여 설치에 문제 없도록 한다.

2. 주방가구
· 개수대 위치가 배수구 가까이 놓이도록 설비배관 작업에 반영한다.
· 싱크대 하부장 속에 온수분배기, 정수기 등을 설치할 경우 배수트랩과의 간섭 여부를 검토한다.
· 상부장 설치를 고려하여 하중에 견딜 수 있도록 내장목공사 등 바탕재 시공을 견고하게 작업한다.

3. 검사
· 가구의 수평, 수직, 접합 상태를 확인한다.
· 문짝의 개폐 상태 및 제품의 손상 여부를 확인한다.
· 가구의 여닫음 시 턱진 부분 등 전체적으로 균형있게 설치되었는지 확인한다.

※ **주택의 가구공사에 해당되는 부분**
· 주방 및 보조주방의 싱크대 및 상부장과 그에 따른 가전
· 침실 내 설치되는 붙박이장, 드레스룸의 옷장 및 화장대
· TV장 및 현관 내 신발장, 별도 수납 공간 내 설치되는 수납장 등이 있다.

클래식, 모던 스타일의 거실 가구

모던, 클래식 스타일의 주방 가구

클래식 스타일의 침실 가구

캐쥬얼 스타일의 침실 가구

모던 스타일의 복도 가구

모던, 세미 클래식 스타일의 현관 가구

침실 TV장

화장대, 홈바, 콘솔

제38장

가설공사 입주청소

준공청소는 주택 내외부 공사를 모두 마무리하는 의미와 더불어 집주인 가족의 입주를 위한 청소 작업이다.

1_ 주의 사항

· 청소 시 염산 물걸레 사용 중 싱크 개수대, 스테인리스, 창틀 등에 변색이 될 수 있으므로 주의한다.
· 타일, 석재바닥 청소 시 염산을 사용할 경우 줄눈이 서서히 침식되어 내구성이 저하되므로
  사용하지 않도록 한다.

3 공사 중(현관문 등의 금속재료) 보양을 위해 오랜 시간 동안 테이프 등을 붙여 놓을 경우 테이프 접착 성분에 의한 마감면에 오염 가능성이 있으므로 주의하도록 한다(약한 열을 이용하여 제거하는데 쉽지가 않다).

제39장
조경공사

정원 'garden'이라는 단어는 둘러 싼다는 뜻의 라틴어 'gar'와 아름답게 꾸민다는 뜻의 'eden'이 결합되어 생긴 말이라고 한다. 주택의 조경 공간은 내부 생활 공간 외에, 거주자에게 정서적으로 심신의 안정과 생활의 여유를 주며 건물의 완성도와 조경, 자연의 풍경이 조화될 때 아름다운 공간이 만들어진다.

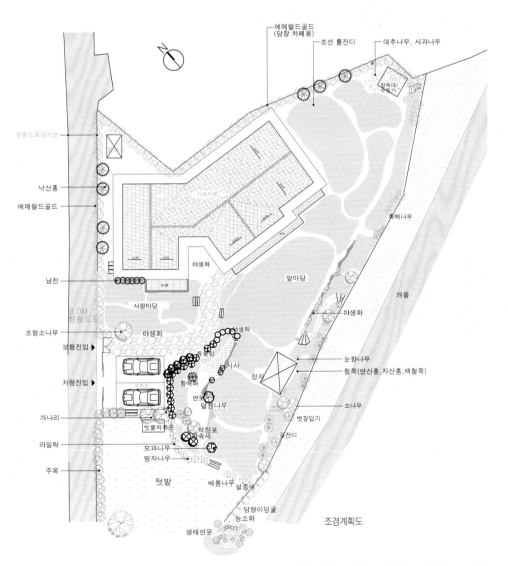

조경계획도

1_ 자연석 및 조경수 구입을 위한 답사

① 조경공사 4개월 전 자연석(현무암) 구입 위한 현지답사(철원)

1·2 우리나라에서 현무암이 나오는 곳은 제주도와 철원, 연천 일부 지역 뿐이다. 현재 제주도에서 현무암 반출은 금지되어 있다.

② 강원도 인제 자연석(산돌)

1 비가 내린 후의 인제 자연풍경
2 이곳에 있는 바위 모양으로 사면부 조경공사를 구상하여 본다.

③ 강원도 원주 석산

1 오후 늦은 시간에 원주 석산에 도착

2 큰 돌을 장비를 이용하여 대략적인 형태로 가공하고 있다. 텃밭 아래 경사가 높은 위치에 쌓기 위한 석재를 구하려고 왔는데, 적당한 석재가 없다.

④ 조경공사 3개월 전 충남 온양 석산 답사

1 석산에서 발파석을 가공하여 별도의 장소에 보관하고 있다.

2 답사길에 시냇가에 잠시 앉아 물 흐르는 풍경을 보고 있노라니 현장에 조성하려는 실개천도 이런
  자연스러운 모습으로 만들었으면 하는 생각을 해 본다.

⑤ 마당 디딤돌용 석재 선정을 위한 판매상 방문

⑥ 수목 식재 1개월 전 주목 구입을 위한 답사

디딤돌용으로 판매되는 맷돌과 판석 등 여러 종류의 석재가 쌓여 있다.

크기에 비해 가격도 저렴하고 식재된 곳이 현장과 가까이에 있어 환경적으로도
나무가 자라는 데 좋을 것 같다. 진달래 등 일부 꽃나무도 같이 구입하였다.

⑦ 조경공사 1개월 전 현무암, 잔디 농장 답사(철원, 연천)

1 사면부와 실개천 조성 공간에 부분적으로 자연석(현무암)을 이용한 조경공사 보완 위해 현지 재답사

3 잔디는 주로 장성, 평택, 연천 등지에서 생산하는데, 잔디가 좋다는 전문가의 조언이 있어 현무암을 구하기 위한 발걸음 차에 잔디 농장도 둘러 보았다.

※ 조경석 종류 : 돌이 어떻게 만들어졌는지에 따라 자연석과 발파석으로 구분한다.

· **자연석** : 자연적으로 생성된 것으로 주로 하천, 강, 들에 있는 돌을 말한다. 자연석 중 하천석은 물에 의해 표면이 매끄럽게 다듬어지고 모양이 둥글둥글한데 비해 들과 산에 있는 돌은 표면이 거칠고 각진 모양이 많다. 풍화작용의 영향에 따라 침식되는 등 그 표면의 정도에 차이가 있다.

· **발파석** : 석산에서 화약을 이용한 발파 작업을 통해 만들어진 돌을 말한다. 큰 돌을 발파하여 떼어낸 것이기 때문에 모양이 각져 있을 뿐만 아니라 모서리가 날카롭다.

⑧ 소나무 구입을 위한 현지답사

마당과 사면부 아래와의 높이 차이가 큰 상황을
고려하였다. 주택 앞 마당에 식재할 경우 나무줄기가
마당에서 바라볼 때 눈높이 이상에 오는 정도에
비교적 비용이 적은 소나무와 보행로 입구인
사랑마당 앞쪽에 어울릴 만한 조형 소나무를
선정하기 위해 답사길에 나섰다.

1 지인 소개로 나무를 보게 되었다. 가격도 적당한 것
같은데 문제는 자연 상태로 자라던 소나무라 자칫
고사할 수도 있다는 걱정이 든다.

2 당진 출장길에 오산에 들러 소나무를 보았다. 조금
비싸지만 보행로 입구에 심으면 어울릴 듯 하다.

2_ 자연석 반입 및 시공

본 주택은 대지의 형상이 삼각형을 이루고 있다. 대지 앞쪽으로 하천변과 7m 정도의 높이 차이가 부담스러운 부분이다. 대지 활용을 위해 사면부는 화계식조경 구성으로 자연과 조화되도록 하여 주택과 조경, 주변 자연환경이 한데 어우러지도록 하였다.

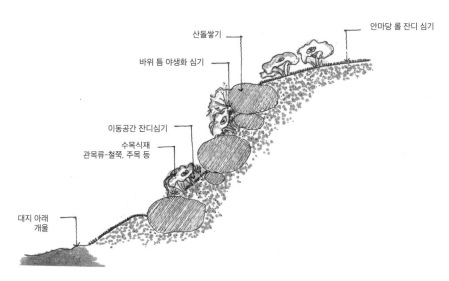

사면부 조경 계획 단면도

2 현장에 이르는 도로가 좁아 마을 입구에서 지게차를 이용 현장에 운반하기로 결정

3 마당 마감 높이를 고려해 자연석 쌓기를 위한 레벨 측량

4 06w(육다블)을 이용하여 자연석 쌓기 중 : 보행 동선 외 소나무, 기타 여러 조경 요소들을 고려한 자연석 쌓기

8 경계점 내 공사를 위해 공사 초기 측량점 유실에 대비해 강관파이프를 박아 놓았다.

9 큰 자연석을 쌓으면서 고정을 위해 직경 19mm 철근 여러 개를 깊이 박았다.
  자연석에 앵커를 박고 용접하여 고정하였다.

10 대지의 활용을 위해 도로변에 면한 대지
초입에 텃밭을 계획, 마당에서 계단을 두어
레벨을 낮추면서 사면부 경계면에 비교적 높지
않은 면석을 쌓을 수 있었다.

11 사면부 면석쌓기 위한 장대석 반입(포천석 -
거친 가공) - 1.0m x 0.7m x0.8m

13 면석쌓기 위한 터파기 작업

15 마당 보행로에 놓을 디딤돌 반입

17 지대석 기초 구성은 처짐을 고려하여 콘크리트
　　기초를 만들기로 하고 현장에 일부 남겨 놓은
　　철근을 모두 모아 배근 작업

20 콘크리트 타설 강도 25mm-21mpa, 두께-
　　250mm

22 지대석 설치 : 콘크리트 타설 후 굳기 전
　　설치(지대석과 콘크리트의 일체화 목적),
　　대지 경계면에 실을 띄워 경계선 내에 바르게
　　쌓이도록 한다.

24 직경 30mm 배수구용 PVC 파이프 매립

26 장대석 중 맨 아래 설치되는 지대석은
　　반입된 석재 중에서 가장 큰 것으로 선별하여
　　설치하였다.

27 장대석 뒷면 배수를 위해 뒷채움용 잡석 반입

28 장대석 사이 공간을 채우기 위한 잔돌 반입

29 장대석 뒷면 잡석 뒷채움

33 장대석 2단 쌓기, 지대석은 비노출 됨

37 장대석 사이 자갈 끼워 넣기(지대석 상면에서
　　2단 높이 1.6m)

38 사면부 조성을 위한 자연석 및 면석쌓기 완료

3_ 실개천 조성공사

자연수 연결관

1 마당 앞쪽 한 켠에 실개천 조성 : 인접 주택에서
  산 상류의 자연수를 연결하여 음용수로 쓰던
  것을 본 주택 지하수를 연결하여 사용토록 하고,
  기존 음용수 배관을 실개천 조성용으로 활용

2 실개천 조성을 위한 터파기 작업

3 방수 시트지 깔기

4 자연석 놓기 작업

5 자연수 배관 위치 정하기

우수관 빗물
저류탱크 연결

7 실개천 아래 모인 자연수는 다시 빗물 저류탱크에 모아 정원수로 재활용

8 자연석 틈새는 황토모르타르로 메꿈 처리

10 자연석에 묻은 황토모르타르 굳기 전 닦아내기

산돌과 현무암을 이용, 실개천 조성 완료

실개천 주변 조경 작업

※ **수경** - 분수, 연못 등 물을 주재료로 하는 경관시설
※ **경재 화단** - 정원에서 건물의 벽, 담장, 물 관리 등의 주조물 통로를 따라서 만들어진 화단
※ **멀칭** - 지표면을 볏짚, 솔잎, 나무 껍질, 우드칩 등으로 덮는 것

4_ 사면부 우천 대비 보완

일기상 호우 예보가 있어 대지 주변 안정화를 위한 임시천막 덮기

5_ 수목 식재

① 관목류(철쭉, 회양목, 주목, 눈향, 남천 등) 식재

1 수목 반입(주목, 철쭉)

4 수목 식재 및 관수, 전지 작업

6 아래에서 바라보니 자연 그대로 바위틈
사이에서 자라난 수목이 연상된다.

※ **사이목** - 돌과 돌 사이의 공간에 심는 수목

7 사면부 중간에 별도의 보행자 동선과 자연석
주변으로 작은 소나무, 눈향, 에메랄드 그린, 철쭉
등을 식재하여 주변 자연과 조화되도록 조성

8 대지 아래 개울가에 마당으로 이어지는
디딤돌을 놓아 동선이 연결된다.

9 기존 전주, 대지 모서리 경계점으로 이동

② 소나무 식재(상록 교목)

소나무 굴취 시기는 주로 해토 후 4월 상순까지, 9월 하순~10월 하순까지가
적기이다. 수간(줄기) 근원 지름의 4배 크기로 분을 뜨며, 깊이 또한 4배 정도가
적당하나 토질과 수목의 특성에 따라 판단한다. 굴취는 나무줄기와 뿌리가
엇나지 않도록(목이 돌아가지 않도록 - 현장 용어) 하여야 한다.
소나무는 이식 후 즉시 관수한다[긴 파이프에 호수를 연결하여 속으로 찔러
넣고 뿌리분 주변의 흙이 가라앉을 때까지 기다린 후 죽을 쑤듯이 뿌리분과
기존 표토 사이에 공극이 없도록 물다짐(water binding)을 한다].

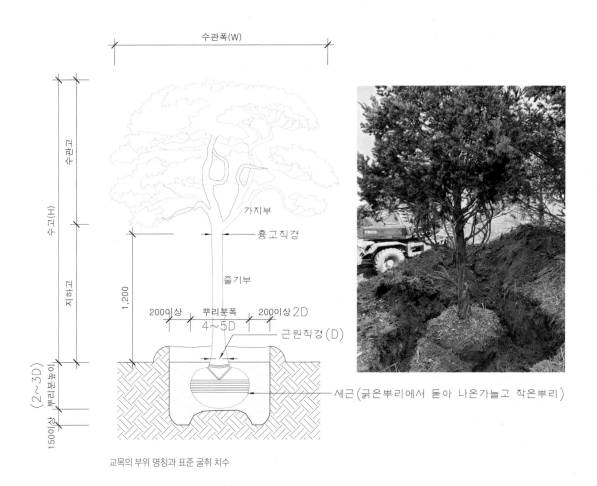

교목의 부위 명칭과 표준 굴취 치수

※ **굴취작업** : 수목을 캐고 심는 작업
　(상록·활엽수 - 3월 중순 ~ 4월 중순, 9월 하순 ~ 11월 상순 / 낙엽수 - 3월 상순 ~ 4월 상순, 9월 하순 ~ 11월 상순)
　· 해토 : 얼었던 흙이 녹아서 풀림
　· 관수 : 수목에 물을 주는 것
　· 분뜨기 : 이식에 앞서 뿌리 부분을 화분 모양으로 만들어 나무의 뿌리와 주변의 흙을 함께 보호하기 위해 삼배나 새끼줄, 마대, 천 등으로 감싸는 것

1 소나무 반입 : 관내가 아닌 타 지역에서 소나무 반입 시에는 행정기관의 허가를 받아야 한다(7그루 반입).

2 50톤 크레인으로 수목 식재 위한 장비 이동(015)

3 식재 전 전지 작업

6 굴삭기로 구덩이 파기(약 나무분의 1.5배)

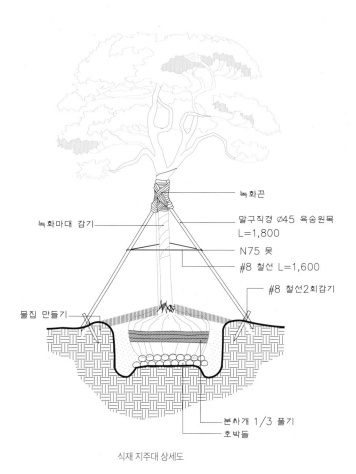

녹화끈

녹화마대 감기

말구직경 ∅45 육송원목
L=1,800

N75 못

#8 철선 L=1,600

#8 철선2회감기

물집 만들기

분싸개 1/3 풀기

호박돌

식재 지주대 상세도

③ 지주목 세우기

- 지주목은 일정 기간(수목 활착되는
  기간)이 지나면 해체하는 것이
  수목 생장에 유리하다. 교목의 경우
  2~3년이 지나 해체하도록 한다.
- 태풍 등 바람의 영향이 클 때에는
  지주목 점검을 하며 필요 시
  재결속을 해준다.
- 지주목 결속으로 인해 줄기 조임이
  있을 경우에는 지주목을 해체하거나
  재결속을 한다.

8 소나무 식재 : 구덩이 중심부에 유기질비료 적당량을 표토와 섞어 중심이 높아지도록 표토를 덮어 준다. 관상 방향을 선정하여 수목을 바로 세운 후 흙을 덮어주고 지주목을 설치한 후 관수를 한다.

9 식재 후 나무 뿌리가 바람에 움직이지 않도록 세 방향에서 와이어를 이용한 고정 작업

소나무 식재 후 주택 전경

※ 소나무 종류

· 육송 : 수피가 적갈색을 띠며, 변종으로는 반송과 금강송(금강소나무,
  강송)이 있다.
· 금강송 : 경북 봉화지역의 백두대간 해발 500~600m 고지대에서 자란다.
  나무가 곧고 나이테가 치밀하며, 심재의 비율이 높아 한옥의 구조재로
  사용 시 갈라짐 등 변형이 적다고 한다. 금강송은 춘양목이라고도
  부르는데, 이는 일제 강점기에 봉화 울진지역에서 나무를 벌목하여
  춘양역에 모아 기차로 운반하였다고 하여 붙여진 이름이다.
· 반송 : 육송의 변종으로 지표면 가까이에서 나무줄기가 여러 방향으로
  나뉘어 자라며 나무의 높이가 낮다.
· 곰솔 : 수피가 검은색을 띠어 유래했다고 하며 해송, 흑송으로도 불린다.
  솔잎의 끝이 날카로우며, 해안가에 주로 분포한다. 일제 강점기에는 검다고
  하여 적송이라 부르기도 했다.
· 잣나무 : 홍송이라고 하면 수입목인 더글러스로 많이 알려져 있지만,
  잣나무의 학명은 한국산으로 표시하고 있어 홍송보다는 잣나무로 부르는
  것이 올바른 표현이라고 한다.
· 백송 : 희귀종이며, 어린 나무는 수피가 푸르스름한데 100여 년쯤 지나야
  수피가 하얗게 변한다고 한다.

- 변종이란? : 독립된 종으로 볼 수 있을 만큼 유전적인 성질은 지니고
  있지는 않지만, 겉보기에 뚜렷한 특징이 있을 때 붙이는 용어이다.

금강송

6_ 잔디 깔기 및 야생화 심기

1. 잔디 선택 및 시공

① 잔디 종류

	한국잔디 / 야지(들잔디), 중지	서양잔디 / 켄터키블루우그래스, 페레니얼라이그래스
자라는온도	25~35℃	15~25℃
장점	· 여름철에 잘자란다 · 건조한 날씨에 잘 견딘다 · 압력에도 잘 견딘다 · 조성과 유지관리에 비용이 적게 든다	· 겨울철에도 내내 녹색을 유지한다 · 질감이 부드럽고 색감이 짙다 · 회복력이 좋다
단점	· 저온에 성장이 멈추고 누렇게 변한다 · 연간 5~6개월 휴면한다 · 조성 속도, 회복력이 느리다	· 여름철에 질병이 발생하기쉽고 특히 장마철에는 생육이 불량해 누렇게 변하는 경우가 있다

② 잔디 깔기

잔디는 하루에 4~5시간의 햇빛이 필요하므로 구조물이나 큰 나무 아래 같은 그늘진 곳은 피해서 설계하도록 한다.

1 잔디 반입

2 잔디 상태 확인 : 본 주택의 잔디는 한국형 잔디인 들잔디를 깔았다. 잔디는 잔디에 붙어 있는 흙의 두께가 두꺼워야 좋으며, 가능하면 심고자 하는 곳과 기후 조건이 유사한 곳에서 자란 잔디를 심는 것이 좋다.

3 마당 레벨을 고려한 땅고르기 작업(잔디는 배수가 잘 되도록 흙을 깔고 물매를 주어 물이 잘 배수될 수 있도록 하는 것이 고사와 병충해를 예방하는데 유리하다. 흙은 사질토나 마사토가 좋은데 마당에는 마사토를 이용 대지 정지작업을 하였다)

4 흙바닥이 다져진 상태에서 잔디를 심을 경우에는 잔디 뿌리가 활착되기가 힘들기 때문에 다져진 곳은 바닥을 긁어서 흙을 부드럽게 하여 잔디를 깔아주어야 한다. 지반 조성 후 상토면에 잔디비료를 고르게 뿌려 준다. 비료가 골고루 퍼지지 않으면 잔디색이 부분적으로 다르게 되므로 주의한다.

5 잔디 이음새가 벌어지지 않도록 하며, 마당에 동선을 고려한 디딤돌(맷돌) 놓기(디딤돌이 잔디 표면보다 조금 낮게 놓이도록 설치)

7 조경석 주변의 잔디는 그 모양대로 칼로 재단하여 깔며, 경사 부분에는 상부 두세 곳을 나무젓가락이나 유사한 도구로 고정시켜 준다. 식재한 관목류는 자연석 모양을 고려하여 전지 작업을 한다.

8 배토 작업 : 잔디 식재 후 고은 모래 깔기

9 잔디 사이에 모래가 두껍지 않고 고르게 촘촘히 깔리도록 한다.

10 디딤돌(두께 50mm 현무암 판재)을 잔디 위 보행로 선형에 맞추어 놓고 칼로 잔디를 잘라 디딤돌이
　잔디면에 조금 묻히도록 설치한다(건축주의 보폭에 맞도록 간격을 유지하며, 선형은 여러 번 걸어가
　보고 걸어오고를 반복한 후에 최종적으로 형태를 만든다).

12 자연석 주변으로 야생화 심기

※ 맹아 : 풀이나 나무에 새로 돋아 나오는 싹
　배토 : 잔디밭이 평탄하지 않거나 맹아의 발달을 촉진시키기 위해 흙 또는 모래를 뿌리는 작업
　시비 : 수목의 생육을 위하여 토양에 비료를 주는것

13 사면부 조성 높이가 높아 중간에 별도의 동선에
잔디를 깔아 공간을 나누었다.

14 앞마당에서 개울로 연결되는 동선

15 잔디식재가 모두 끝나면 잔디에 관수한다. 물은
비료가 잘 녹고 토양층과 뗏장 사이에 충분히
들어가도록 표토 깊이 10~15cm 정도까지 흠뻑
젖도록 한다.

※ **화계** : 조형공간을 조성하기 위해 층을 두어 만든 꽃밭
  취병 : 한국건축에서 조경을 통해 공간을 나누고 표현하는 것

7_ 대지 경계면 차폐용 수목 식재

1 도로와 대지경계면에 담장 목적의 수목 식재, 에메랄드 골드 반입(수고 2.0m)

3 북쪽 대지경계면 : 디딤돌을 놓아 주방에서 장독대로 동선이 연결된다.

4 도로변에는 담장용 조경식재로 차폐 기능과 동시에 마을 주민과의 소통이 이루어 질 수 있도록 에메랄드 골드, 낙산홍, 자연석을 놓고 경사면 바닥에는 잔디를 깔아 조화 되도록 하였다.

5 대지 초입의 텃밭 공간은 낮은 조경수 식재와 일부 열린 공간 조성으로 마을 주민과의 소통이 이루어질 수 있도록 하였다.

8_ 소나무 재선충 예방 작업

1 소나무 재선충
(솔잎혹파리)
방지를 위해
식재 후 살충제를
투입하였으며, 2차로
이듬해 4월 중순에
살충제 추가 살포

5 겨울나기 위한 수목
주변 짚을 이용
잠복소 설치와 관목류
주변에 바람막이 설치

9_ 조경공사 완료

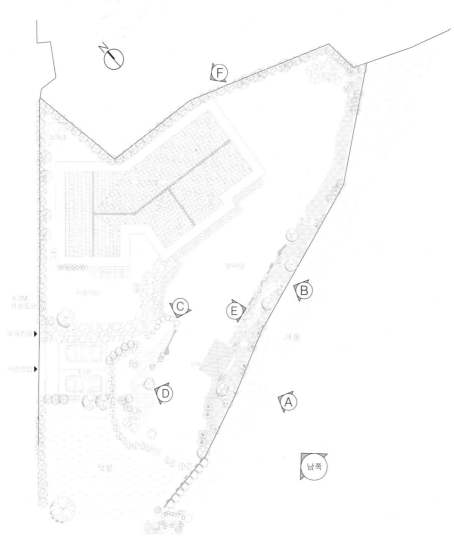

남쪽 주경

조경 KEY PLAN

※ **별서정원** : 농장이나 들이 있는 부근에 한적하게 따로 지은 집
※ **원림** : 자연에 약간의 인공적 요소를 더하여 생활 공간으로 삼는 것

도면 Ⓐ

도면 Ⓑ

관중

노루오줌

매발톱

바위솔

수호초

황금조팝

바위틈에 심은 야생화

도면 ⓒ

도면 ⓓ

도면 Ⓔ

도면 Ⓕ

남쪽 야경

제40장
석공사 보행로 철평석

전원에 지어지는 주택은 도심지 주택에 비해 비교적 대지의 여유가 있기 때문에
대문으로부터 주택까지 일정거리를 두어 건물을 배치하기도 하는데, 거리에 따른 공간을
건축 요소와 조경이 잘 어우러지도록 계획하는 것이 중요하다. 보행로는 설계구성에
따라 다양한 형태로 만들어질 수 있는데, 본 주택은 마을길에 면한 대문과 안마당과의
높이 차이를 변화감 있는 선형을 통해 조성하였다.

1_ 시공

1 몰다인(모르타르
  접착증가재),
  매도몰(방수재)

2 시멘트에 몰다인과
  매도몰을 섞어 바탕
  모르타르 작업

3 측면에는 물과 습기가
  침투되지 않도록 방수
  작업

4 보행로 아래 입구에는
  위에서 흘러내리는
  물 처리를 위한 라인
  트렌치를 만들고 있다.

5 보행로 석재(두께 10mm 철평석) 작업

7 시멘트에 매도몰을 배합하여 방수성이 있도록 한 줄눈 작업

8 보양(비닐+부직포) - 작업 완료 후 보온재 씌우기(저녁에 온도가 낮아질 수 있는 상황에 대한 대비 차원)

본 주택 보행로

철평석과 디딤돌을 사용한 보행로

※ 박석 : 얇고 넓적한 뜬 돌로 궁궐, 왕릉 등의 바닥에 조성하기도 함

제41장

철골공사 주차장 구조물

본 주택의 주차장은 차량 2대를 주차할 수 있는 여유있는 공간이 되도록 6x6m 규격으로 구성하였다. 재료는 기둥용 각 파이프와 지붕에 쓰인 폴리카보네이트 시트를 사용하였다. 지붕은 주택 입면과의 조화와 실링재의 내구성을 고려해 곡면 형태 구성으로 설계하여 우설 시에도 빗물이 정체 없이 흐르도록 하였다.

1_ 폴리카보네이트 시공 기준

1. 시트 가공
① 시트의 절단은 프레임 안치수보다 2mm 정도 적은 치수로 하고 정확한 모양이 되게 한다.
② 절단은 전기톱을 사용하여 마무리를 정교하게 하며, 톱의 재질은 초공구강을 사용한다.
③ 절단할 때 절삭 속도는 빠르게 하며, 이동 속도는 느리게 한다.
④ 구멍의 위치는 시트의 중앙을 기준으로 하여 좌, 우 대칭이 되도록 한다.
⑤ 피스 구멍 중심으로부터 최소 연단거리는 피스 구멍 지름의 2.5배 이상이 되도록 한다
⑥ 구멍 크기는 온도 변화에 따른 신축이 흡수되도록 피스 지름보다 1~2mm 정도 크게 한다.

2. 시트 끼우기 및 실링재 충진
① 시트를 피스 조임으로 고정할 경우, 지나친 조임으로 인하여 시트에 굴곡응력이나 부하가 발생하지 않도록 적당하게 조인다.
② 시트와 시트의 접착은 접착면에 주사기 등을 사용해 에틸렌글로라이드 용액을 발라 시공한다.
③ 실링 작업은 피스 조임 후 즉시 시공한다.
④ 실링 작업을 할 때에는 시트를 가로질러 프레임과 프레임 사이에 널빤지 등을 걸쳐 깔아 시공 중 프레임에 하중이 전달되지 않도록 한다.
⑤ 외기의 온도가 4℃ 이하, 상대습도 90% 이상, 우설 시에는 작업을 중지한다.

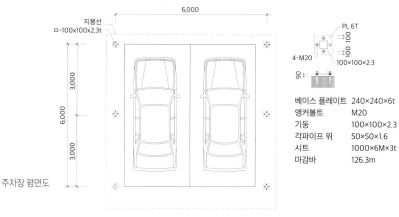

주차장 평면도

2_ 시공

1 주차장 기둥 철골 세우기

2 지붕 트러스 조립 완료

4 주차장 철골구조물 작업 완료 : 지붕덮개용 폴리카보네이트 시트는 기온이 조금 올라가면 설치하기로 결정

5 폴리카보네이트 시트 규격 - 폭 1.0~1.2m × 두께 3.0mm 평판, 색상 - 브론즈

※ **폴리카보네이트** : 일반적으로 사용하는 명칭은 Lexan이라고도 한다. 국내에서는 최초로 G.E 제품 Lexan을 수입, 판매하면서 Polycarbonate sheet의
명칭이 사용되었다고 한다. 유리 또는 아크릴에 비하여 경량이며 유리의 250배, 아크릴의 30배의 강도를 지닌다. 복층용과 평판용이 있으며,
캐노피(Canopy), 온실, 부속건축물, 지붕재료로 주로 사용된다.

제42장
석공사 주차장 현무암

2 바닥 녹이기 작업
3 모래, 시멘트 반입
4 두께 50mm 현무암 비정형석 깔기

5 야간에 바탕 모르타르가 얼지 않도록 난방

6 시멘트에 접착제 첨부하여 줄눈 넣기

7 작업 완료

앞마당 아래 개울가에는 추위로
얼음이 꽁꽁 얼어 있다.

제43장
기타공사 정자

주택 주차장 가까이에는 실개천을 조성하였고, 실개천 앞에는 정자를 설치하였다. 정자는
경사면에 조성된 조경공간에 걸터 얹어 놓은 듯한 모습인데 마을 아래에서 바라보면
멋스럽다. 정자의 구조는 기둥에 보를 고정하고 서까래를 얹어 가구를 구성한 사모지붕
형태로 구성하였으며, 지붕 마감은 구조물이 가볍게 보이도록 기와 대신에 현대식
마감재료인 아스팔트슁글을 사용하였다.

1 정자용 기성 콘크리트 초석 구입을 위한 공장 방문
2 목재 반입(기둥, 보, 서까래용)
3 목재 치목 작업
4 기둥, 보 조립

6 서까래 걸기

7 지붕 루버 → 방수지 → 슁글 설치

본 주택 정자(누정)

※ **정자** : 한국건축에서의 '정자(정)'는 잠시 쉬거나 놀다가는 작은 건물을 뜻한다. 유희를 위한 공간에 있어 누와 정이 같으나 누는 남원 광한루, 경복궁의
경회루처럼 공적 행사를 위한 건물인데 비해 정은 규모가 작고 개인적인 시설을 뜻하는 차이점이 있다.

제44장
금속공사 대문

주택의 대문 설치는 도로변에 면하여 4짝의 주차장 출입문과, 2짝의
접이식 보행용 문으로 구성하여 편리하게 사용할 수 있도록 하였다.

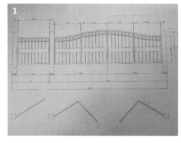

1 대문 제작 도면

2 차량 출입문 기둥 설치

3 보행로 입구 쪽문 기초 설치를 위한 땅파기
작업 깊이 70cm까지 얼어 있다.(중부지방의
기초 동결심도가 90cm인데 [기초저면부까지]
언 깊이를 보니 건축 구조물 기초설계 기준보다
조금 깊이를 크게 하여 시공하는 것도 필요할 것
같다)

4 보행로 입구 출입문 설치(설계상 1짝 여닫이문
으로 설계하였는데 폭이 넓어 시공 과정에 2짝
접이식으로 변경)

6 보행로 바닥에 석재 보양을 위해 덮어 두었던
부직포가 얼어붙어 토치로 녹이면서 제거하고
있다.

본 주택 대문

미진한 조경 부분은 따뜻한 봄날에 마무리 하기로…

제45장

사랑방 공사 황토방

옛 시골집의 사랑방은 아버지가 주로 생활하던 공간이다. 사랑방은 잠을 자고, 손님을 맞고 때로는 새끼 등을 엮는 다양한 공간으로 사용되었다. 이러한 옛 시골집의 기능과 유사한 목적으로 쓰일 수 있도록 한 본 주택의 사랑방에는 구들과 현대식 온돌난방, 외부에 마루를 놓아 옛 시골집의 향수와 현대의 편리함을 갖도록 하였다. 일부 구조벽과 지붕을 제외한 모든 부분은 친환경 생활공간을 만들기 위해 단열 목적의 왕겨숯과 순황토, 한지벽지 및 한지 장판지를 사용하여 마감하였다. 또한 대청에 구성되던 연등천장을 본 주택의 사랑방에도 서까래를 걸어 표현하였고, 창호는 단열을 고려하여 알루미늄 시스템창과 내부에는 덧창인 세살창과 세살청판 미서기문으로 설치하였다.

1_ 온돌구조 설계

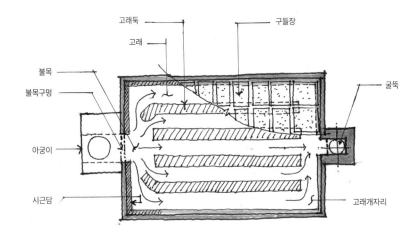

온돌구조 평면도(줄고래)

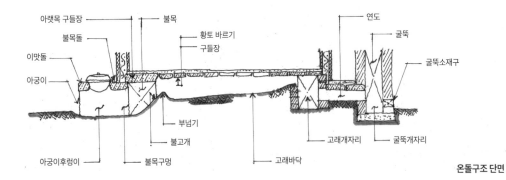

온돌구조 단면

2_ 재료 반입

1 순황토 반입(여주)

3 불목 주변에 사용하기 위한 내화벽돌

4 고래둑용 흙벽돌(기본형 190x90x57)

5 구들장용 바닥돌(현무암 : w-500× l-500×t-50)

8 벽체 외 및 산자 설치용 담양 대나무를 1.7m 규격으로 반입

9 솥(2.5통) 예전에 사용하던 물통(양동이 15L용) 2.5통의 양을 담을 수 있는 크기이며, 밥을 할 경우 식당 밥그릇 기준 약 60그릇 정도 크기라고 한다.

입구지름

높이

부뚜막지름

충식	입구 지름	부뚜막지름	안 높이	물량	전체 중량
1통	30cm	38cm	19cm	15L	11kg
1.5통	36cm	47cm	21cm	25L	14kg
2통	39cm	49cm	23cm	30L	16kg
2.5통	42cm	54cm	24cm	40L	19kg
3통	46cm	58cm	25cm	47L	22kg
4통	49cm	61cm	27cm	52L	25kg
5통	51cm	64cm	29cm	65L	30kg
6통	54cm	68cm	30cm	85L	35kg
7통	58cm	72cm	32cm	92L	39kg
8통	62cm	74cm	34cm	106L	43kg
10통	66cm	82cm	36cm	130L	61kg

충식(충청, 경기도)
낮고 오목한 모양

전솥(전라도)
깊이가 깊은 편

통솥(강원도)
크기가 큰 편

발솥(경상남도 안동)
두껍고 독특한 모양

지역에 따라 사용하던 솥 모양

안성주물

10 작업 준비

11 외벽 단열재용으로 사용할 왕겨숯

12 굴뚝 연도용 관

13 소금

14 내화 모르타르

3_ 시공

구들은 고래와 고래둑, 구들장으로 아궁이에 불을 지피기 위한 구조물로, 구들로 이루어진 난방 방식을 온돌이라고 한다. 옛 고려사나 조선왕조실록 등을 보면 구들 들인 방을 욱실, 마루칸을 양청이라고 불렀다. 온돌방은 아궁이에 불을 지펴 구들장을 데워 난방을 하는 방식이기 때문에 피부에 닿는 느낌이 좋고 돌과 진흙에서 나오는 원적외선은 건강에 좋다. 또 아랫목과 윗목이 있어 방 안에서도 온도 차이에 의한 대류 현상으로 쾌적한 공간이 되기도 한다.

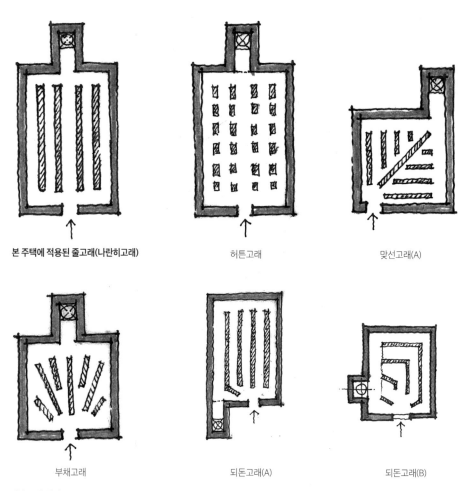

본 주택에 적용된 줄고래(나란히고래) 허튼고래 맞선고래(A)

부채고래 되돈고래(A) 되돈고래(B)

기타 고래 형식

1. 구들 설치

1 고래바닥 황토 포설 후 다짐 작업

2 여주에서 들여온 순 황토

3 개자리 부분 고래둑 설치(치장벽돌 사용)

4 고래바닥 황토 다짐 후 소금 포설

5 소금 포설 후 재다짐

6 아궁이 후렁이에 설치된 치장벽돌

7 불목용으로 내화벽돌 설치

9 고래둑 설치 : 줄고래(나란히 고래), 고래 구성은
　아궁이에서 굴뚝 쪽으로 갈수록 약한 경사를
　높게 처리한다.

10 고래둑 간격 35cm

11 고래둑 높이 평균 20cm

12 고래둑 설치 후 황토 바르기

14 개자리 폭 및 높이 − 28cm, 50cm

16 연도 설치 직경 24cm

17 구들장 위 마감 예상 두께(황토미장 → 난방관
 → 황토미장 → 한지장판지) 12cm

18 구들장 설치

21 구들장 사이에 황토 채우기

22 구들장 위 황토 바르기 위 메시 깔기

23 메시 깔기 후 황토 바르기

 25 연도 경사 확인

26 굴뚝 설치

27 굴뚝 수직도 확인

28 고래 기능 테스트(임시 불 지피기 위한 솥걸기
　 및 부뚜막 주변 황토 바르기)

2. 정지(부엌) 초벌미장 및 구들 기능 확인

작업 반장님은 아랫목 불목돌에 삼겹살을
구워 드시고

1 정지 공간 시멘트 모르타르 초벌 바르기

2 아궁이에 불을 지펴 연기 배출이 원활하지 않아
아랫목 주변 철거

5 기압이 낮은 날(비 내리는 날)을 택하여 불을
지펴 고래 기능 재확인

3. 바닥 난방관 및 왕겨숯 단열벽체

5	직접탄화왕겨숯	(주)유기산업 왕겨숯
부패	부패없음
난연	바로 재가 되며, 연소 힘듦
탄소함유량(%)	55%
열전도율	0.04
음이온발생량	85
항균성(%)	99.9(숯의 특성)
입자	고른 입자상(집진기 有)
농도	공업용 탈취제·철강용보온단열재·건축단열재

1 불지피기 확인 후 황토 바르기 작업과 난방관 설치(아랫목 주변에는 뜨거운 열기로 난방관을 설치하지 않도록 한다.)

2 난방관 설치 후 황토 바르기

3 외부 단열벽 세우기 위한 틀 작업

4 외벽 단열용으로 만든 왕겨 숯 : 친환경이며 공기정화, 습기 제거에 장점이 있다.

5 유기산업 제공

6 벽체 틀 속에 단열재인 왕겨를 채워 넣었을 때 시간이 지나면서 왕겨의 자중에 의한 윗부분에 빈 공간이 생겨 단열층의 취약 부분이 생길 수 있으므로, 이를 방지하기 위해 왕겨를 힘껏 눌러 밀실하게 채워 넣는다.

8 왕겨를 채워 넣은 후 충분히 흔들어 넣어 공극이 생기지 않도록 한다.

9 왕겨로 채워진 벽체용 틀(두께 170mm)

4. 벽, 천장 산자 설치 및 천장 황토 바르기

1 벽, 천장에 황토를 바르기 위한 바탕재 가공 작업(대나무 켜기)

2 천장에 각재와 대나무 살을 이용한 산자 엮기

3 지붕 슬래브에 단열재 220mm가 설치되어 있으나, 사랑방 공간을 쾌적하게 만들고자 천장에도 60mm 두께로 황토를 발랐다.

※ 천장을 천정으로 쓰기도 하는데 천정은 우물 정(井)자 형태의 특수한 천장을 말하며, 한자로 표기할 때는 천장, 한글로 표기할 때는 반자라고 한다.

6 천장 황토 바르기 후 굳기 전까지 처짐을 고려하여 임시 동바리 설치

7 황토 바르기면에 부착력 확보를 위해 대나무살과 메탈라스(철망) 설치

8 판재에 왕겨숯을 넣어 단열 벽체를 구성한 후 일정 간격의 각재를 수직으로 대었다. 이것은 한옥공사에서 중깃 정도에 해당된다. 각재 사이에는 대나무 살을 촘촘히 격자로 엮어 댄다. 이는 황토를 두껍게 바르기 위한 목적으로 한옥 공사에서 사용하는 눌외와 설외로 볼 수 있다. 마지막으로 메탈라스를 대나무 살에 덧대었는데, 이것은 황토를 바르면서 힘있게 지지하는 역할을 한다.

9 천장 속 환기구 설치(천장 속에 환기가 되지 않으면 곰팡이가 생길 수 있다.)

5. 창호 및 서까래 설치, 황토 바르기

① 수장재 및 창호재 등의 판재 사용법

목재의 널안(수심)이 널밖(수피)에 비해 단단하고 수축이 적기 때문에 수축 변형 시 널안쪽에서 배가 부르는 변형이 일어난다. 그러므로 사용 위치에 따라 널안과 밖을 구별하여 사용하도록 한다.

· 창호 틀 - 문상방은 널안을 위쪽으로, 문지방은 널안을 아래로 설치

· 마루청판, 귀틀 - 널안이 위쪽으로 설치

· 외벽에 설치되는 인방 또는 내부에 설치되는 판벽 등은 널안이 사람의 인체와 접촉되는 방향에 오도록 설치

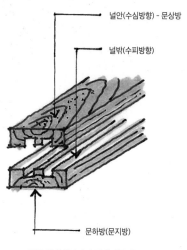

문틀 설치의 널안과 널밖 사용법

1 문 - 세살청판 미서기문
반침 - 세살 미서기창
창 - 세살 2연동 미닫이창

3 미서기 문(연귀 맞춤)

4 문틀 설치 후 주변 단열사춤

5 문틀에 뒤틀림 방지 위한 임시 고정대 설치

6 창틀(울거미)에 황동레일 설치

8 2연동 미닫이창 공틀 및 상부레일 설치

9 천장 서까래 설치 : 서까래는 목재의 원구(밑둥)쪽이 외벽 방향으로 설치되도록 한다. 또한, 나이테 방향이 좁게 편심된 부분이 윗쪽으로 향하도록 하여, 목재의 건조 수축에 갈라짐이 발생해도 바라보는 시선에서 보여지지 않도록 하는 것이 좋다.

10 황토를 바를 때 초벌미장을 거칠게 한다. 이것은 재벌바름을 위해서이다(전통 시공 방식은 갈라지는 것을 방지하기 위해 진흙에 여물 등을 썰어 넣어 섞어 사용한다).

11 벽 황토 바르기

12 천장 속 단열재 보완(환기용 슬리브)

13 천장 속 황토 건조 중

6. 마루 설치

1 마루 설치용 판재(두께 45mm) : 공장에서 1차 제재하여 반입되는데 제재정치수라고 하며, 현장의 마무리 대패질을 고려하여 3~5mm 정도 더 크게 주문한다.

2 기계 대패를 이용한 판재 마무리 작업 : 마무리치수라고 한다.

3 가공된 마루용 판재(청판) 두께 40mm

4 마루 귀틀용 목재 치목 작업

※ 구조재는 함수율 20% 이하, 수장재는 15% 이하로 최대한 건조된 상태에서 치목하도록 한다. 특히 마루판재의 경우 건조가 덜 될 경우 맞춤 후 마루널의 수축으로 마루널 조임을 여러 차례 반복 작업을 하여야 하기 때문이다. 그러므로 판재는 가능한 수심부가 포함된, 수심에서 가까운 위치에 제재된 곧은 결 목재를 선별하여 사용한다. 무늬결 목재를 일관제재, 곧은 결을 정목제재라고도 부른다.
※ **제재치수** - 톱날의 중심 간 거리를 목재의 치수로 호칭한 곳으로 톱날의 두께는 2mm이다.

6 마루 조립 완료 : 마루용 판재는 목재의
널안(수심부) 방향이 위로 향하도록 조립한다.
이는 건조 수축 시 수심 부분이 강도가 커
볼록하게 변형되므로 마루널 보완 작업 시에
대패로 깎아냄으로써 마감 처리가 손쉽기
때문이다.

7 마루가 크지 않아 목재를 조립하여 설치

8 조립한 마루를 모두 합심하여 이동 설치

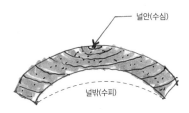

널안(수심)

널밖(수피)

목재의 널안과 밖

마루청판
두께 40mm

마루귀틀
두께 170x170

9 마루 고정을 위해 앙카볼트 설치

11 마루 수평 보기

12 임시로 설치한 초석에 마루 동바리 설치 완료

13 동바리 기둥과 귀틀의 맞춤 상태 및 평활도
확인

14 콘크리트 기둥에 판재 설치 : 판재는 수심
부분이 외부에 면하도록 한다.

7. 소금, 숯 포설 및 바닥 황토 바르기

1 벽 황토 재벌 바르기 후 바닥 소금 포설(습기 제거 및 벌레 침입 방지)

2 소금 포설 후 숯 깔기(난방 시에 황토와 숯을 통해 방 안의 환경을 더욱 좋게 만들기 위함)

4 숯 깔기 완료

5 바닥 황토 마무리 작업

8. 마감 전 구들 기능 확인

1 정벌 황토 바르기 전 기압이 낮은 날을 택하여 아궁이에 불을 지펴 불이 잘 들이는지 재확인한다.

2 구들 기능 확인 후 부뚜막 마무리 작업

3 부뚜막에 솥을 얹은 후 황토 바르기 작업

4 인방재인 판재 설치는 목재의 수심부가 바깥 쪽을 향하도록 설치한다.

5 외부 황토 정벌 바르기 : 마감은 황토에 회를 섞어 흰벽이 되게 하였는데 이를 '회벽'이라고 한다.(황토에 백토만을 섞어 바른 것을 '사벽', 황토에 백토와 회를 섞어 바른 것을 '회사벽'이라고 한다)

9. 황토 정벌 바르기

1 천장 치받이 흙(황토) 바르기 후 서까래에 묻은 흙을 닦아낸다.

2 벽 천장 황토 바르기 완료

4 반침 내부

5 외부, 알루미늄 시스템 창 내부, 한식 세살 2연동 미닫이창

8 세살 청판 미서기문

9 황토 바르기 완료

10 본 주택의 아궁이와 부뚜막

[아궁이와 구들장]

옛 주택에서는 아궁이에 불을 지펴 난방을 했다. 아궁이에 화력이 좋은 나무를 가득 넣어 저녁에 불을 지피면 두꺼운 구들장에 축열이 되어 방안에는 새벽까지 온기가 남는다. 큰방에 연결된 고래에는 아궁이가 여러 개가 있다. 밥을 하는 솥, 물을 데피는 솥, 소 여물을 위한 솥 등 보통 2-3개의 아궁이가 만들어진다. 추운 겨울에는 여러 개의 아궁이에 장작을 가득 넣고 불을 때면 방안 아랫목에는 맨살을 붙이지 못할 정도로 뜨겁다. 아궁이 형태는 사랑채, 행랑채 등에는 봉당의 한쪽 편에 아궁이만 있는 구조가 일반적이며, 살림공간의 부엌은 아궁이와 부뚜막에 조리공간이 있는 하나의 실로 구성하는데, 이것을 정지라고 한다. 함경도의 추운 지방에서는 불을 지피고 식사와 잠을 자는 생활공간을 한 공간 안에 구성하는데, 이를 정주간이라고 한다. 이러한 살림집의 평면구조는 부엌과 방이 분리된 구조에 비해 온기를 빨리 얻을 수 있어 추운 지방의 겹집구조에서 나타나는 방식이다. 집안의 봉당이나 부엌 바닥은 강회다짐을 한다. 강회다짐은 마사토에 소석회를 섞어 다짐을 하는데, 이때 사용하는 마사토는 점토질의 성분이 적은 물에 씻어도 흙물이 많이 나오지 않는 백마사를 사용하는 것이 좋다고 한다.

※ 고려사나 조선왕조실록에는 구들을 들인 방을 '욱실'이라고 불렀다고 한다.

1 정지 - 일두고택
2 남산 한옥마을
3 다락 밑 공간을 이용한 아궁이 - 가일수곡고택
4 중문칸에 설치된 아궁이 - 가일수곡고택
5 함실아궁이 - 남산 한옥마을

[형태별 굴뚝]

1 본 주택 고벽돌로 시공된 굴뚝

2 화장벽돌과 집 모양의 연가로 모양을 낸 전축굴뚝

3 전벽돌과 연가로 이루어진 전축굴뚝

4 화장벽돌을 사용한 육각 모양의 전축굴뚝 - 경복궁 교태전 후원

5 담벽에 붙여 화장벽돌로 모양을 낸 십장생굴뚝 - 경복궁 자경전 후원

6 기와에 회 줄눈을 넣은 와편굴뚝 - 안동 귀봉종택

7 기와 조각에 황토를 사용한 굴뚝 - 안동 고성이씨 탑동파 종택

8 토축굴뚝 - 강화 학사재

10. 목재 칠 작업

1 목재 바탕면 기계 샌딩 작업

3 목재의 곡면 부분은 특히 연마를 잘해야 하며, 온도 30℃, 습도 80% 이상에서는 도장을 중지한다. 이런 조건 하에서 도장하면
　용제가 급히 증발하여 도장면이 냉각될 때 생기는 결로 때문에 하얗게 퇴색하는 백화 현상이 발생하기 쉽기 때문이다.

4 마루 사포질 또는 기계샌딩 후 2차 칠하기

※ 마루 바닥, 최종 마감칠은 당일 작업 종료 직전 완료하여, 다음날 작업 개시 전까지 건조가 되도록 한다.

※ **옻칠** : 옻나무에서 채취한 생옻을 가열 정제한 검은 옻과 다시 가열 정제한 정옻이 쓰인다. 이것에 아마유 · 오동유 등을 섞은 것을 유성옻칠, 안 섞은
　것을 무유옻칠이라 한다. 빛깔은 보통 검정, 적갈, 빨강, 주황 등이 있다.

[한옥 · 목재 가구 등에 칠하는 옻칠]

옻나무에 상처를 내면 옻나무는 스스로 상처를 치유하기 위하여 유백색 액체를 분비하는데, 이를 채취하여 기물에 칠한 것이 옻칠이다. 전통옻칠은 건조 방식이 옻칠 속에 포함된 라카아제(Laccase)가 온도 25℃, 습도 80%의 여름철 조건에서만 건조되며, 열이나 햇빛에 백화현상을 일으켜 뿌옇게 변하기 때문에 건축용으로는 부적당하다. 이에 좋은 옻칠을 선별 정제, 가공하여 사용이 가능하도록 한 옻칠은 내부 용인 수성우레탄형 옻칠과 외부용으로 수성아크릴 베이스인 수성아크릴형 옻칠(도막형)이나 수성스테인 옻칠(침투형)이 있다. 수성아크릴형 옻칠은 도막형으로 칠살이 올라가며, 수성스테인형 옻칠은 침투형이어서 원목의 질감을 그대로 표현하고자 할 때 적용한다. 외부에는 오일스테인형 옻칠이 있는데 투명, 소나무, 홍송, 호두나무 등이 주로 사용되는 색상이다. 건축에 사용하는 목재는 덜 건조된 목재를 사용할 경우 곰팡이(청태)가 끼어 흉하게 변한다. 이를 방지하기 위해서는 충분히 건조된 목재를 사용하거나, 조립 후 대패질하여 바로 오일스테인형 옻칠을 칠하여 보관하고, 1~2년이 지난 후에 목재면의 상태를 보아 추가적으로 칠하여 목재의 질감과 색상이 유지될 수 있도록 한다.

구채옻칠 종류

내부용 옻칠	수성우레탄형 옻칠 : 마찰이나 충격, 높은 온도에 강하여 마루, 가구, 식탁, 한지 장판지 등에 적합 수성아크릴형 옻칠 : 기둥, 서까래, 빈티지가구

천연옻칠을 정제, 가공하여 수용성아크릴이나 우레탄과 조합한 친환경도료로서 항균, 내곰팡이성, 방충(흰개미 퇴치), 발수성, 방염성, VOCs 흡수성이 탁월하며, 옻오름을 크게 완화하여 누구나가 쉽게 사용할 수 있고, 살오름성, 퍼짐성, 내스크래치, 접착력 등이 우수한 친환경 옻칠도료이다.

건조시간 : 지촉건조 30분, 경화건조 2시간 이내

외부용 옻칠	오일스테인형 옻칠 : 한옥, 발수 성능이 요구되는 외부 목재

정제, 가공한 옻칠과 식물성오일로 구성된 천연 목재 보호용 옻칠도료이다. 다양한 색상으로 목재를 착색하고 목재 내부에 깊이 침투하여 목재의 내구력을 향상시켜 주며, 항균성, 내곰팡이성, 내광성, 발수성, 방부, 방충(흰개미 퇴치), 효과가 높은 목재보호용 오일스테인 옻칠로서 긴 수명을 자랑하며, 무공해 안료와 조합하여 자연스럽고 고상한 천연색을 표현한다.

건조시간 : 지촉건조 12시간, 경화건조 1일

※ **지촉건조** - 도막을 손가락으로 가볍게 대었을 때 접착성은 있으나 도료가 손가락에 묻지 않는 상태(참조 - 구채옻칠)

[마루]

고건축에서 마루는 공간에 따라 다양한 형태로 나타난다. 살림집의 마루는 대청, 툇마루, 쪽마루, 들마루, 누마루가 있고 사찰에는 보통 대웅전 앞에 누각을 만들어 휴식과 문루로 사용하였다. 살림집에는 대부분 대청이 있다. 대청은 넓은 마루라는 의미이며, 토방에서 대청을 통해 안방과 건넌방으로 연결되는 구조가 일반적이다. 이러한 옛 살림집의 대청은 방으로 드나들기 위한 통로가 되기도 하고 식사와 가사, 집안의 행사 등 다양한 기능이 작동하는 중요한 공간으로 사용되었다. 목구조인 한옥은 기단이 있다. 기단의 높이는 지면의 습기를 차단하기 위해 마당으로부터 보통 0.6~1.5m 정도의 높이에 구성된다. 장주초석 위에 설치된 누마루는 건물의 벽과 창, 지붕의 곡선과 어우러져 장엄하면서도 아름답다. 마루의 형태는 우리나라에서는 대부분 우물마루이며, 중국과 일본은 장마루 방식이 보편적이라고 한다.

※ 대청은 고려사나 조선왕조실록에는 양청으로 불렸다.

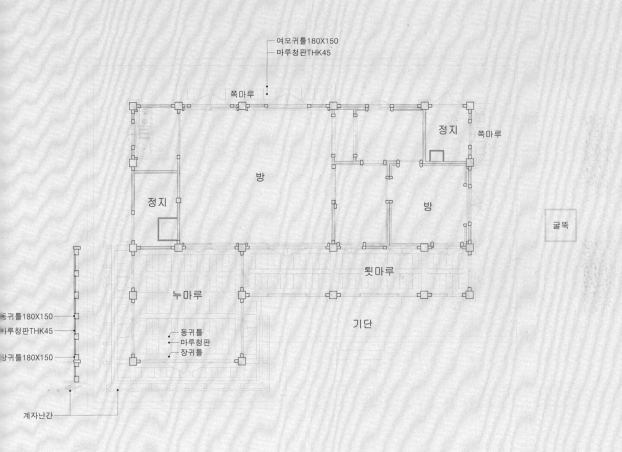

1 본 주택 마루

2 살림집의 누마루

3 안채대청 – 가일수곡고택

4 대청과 툇마루 – 창덕궁 낙선재

5 고상마루 – 창덕궁

6 툇마루 – 안동 귀봉종택

7 쪽마루

11. 한지 벽지, 장판지 시공

1 벽지 및 장판지 시공 전 너무 강하지 않게 불을 10일 정도 지펴 황토 미장면을 건조시킨다. 불지피기 완료 후에는 2~3일 정도 경과하여 온기가 없는 상태에서 바닥면을 고르게 만든 후 굽도리가 시공되는 모서리 등은 각을 이루도록 하고 바닥이나 벽에 묻은 흙 알갱이, 먼지 등을 긁어내어 깨끗이 청소한다.

2 벽·천장에 한지 낙수지 붙이기

4 장판지 초배작업, 초배지는 안쪽에서 출입문 방향으로 붙인다.

6 장판지 전주 특각지시공. 장판지는 출입문
쪽에서 안쪽으로 붙여 나간다.

7 장판지 작업 후 보양

※ **장판지 시공 중 주의사항** : 겹침폭은 일정한가, 전부 밀착되었나, 풀이 밀려 나오지 않았는지 확인한다. 작업 시에는 오염되지 않도록 발을 비닐로 감싸고
  작업하도록 한다.
  · 6배지 : 한지원단 3장을 배접하여 만든 한지 장판지
  · 8배지 : 한지 원단 4장을 배접하여 만든 한지 장판지
  · 특각지 : 8배지의 2배 굵기로 옛 궁궐에서 사용하던 공예 한지장판지

12. 아궁이 불지피기 및 장판지 옻칠 작업

1 장판지 시공 후 2일 정도(장판지에 풀칠한 것이 마른 후) 경과 후 장판지에 옻칠을 하기 위해 약하게 5~6일 정도 불을 지핀다.

2 비내리는 날에는 습기 제거도 할 겸 아궁이에 불을 지피는 것이 좋다.

3 불지피기가 끝나면 방 바닥에 온기가 없는 것을 확인한 후 칠하기 전 바닥을 깨끗이 청소한다. 먼저 2회 칠을 한다. 칠한 후 사포 중에서 가장 고운 것을 이용하여 심한 턱이나 얼룩 등을 제거한 후 3회 마무리 칠을 한다.

4 천연 옻칠

※ **콩댐** : 불린 콩을 갈아서 들기름 따위에 섞어 장판에 바르는 일을 말한다. 한지 장판지에는 콩댐이 흡수가 잘 안되며, 시중에 판매되는 천연 옻칠을 사용하는 것이 좋으며, 최근에는 특각지에 천연 옻칠이 된 제품이 판매되기도 한다.

본 주택 사랑방

건축사가 8개월간 기록한
공정 단계별 실무

전원주택

설계 & 시공

사용승인·등기등록

사용승인이란?
공사완료 후 건물을 사용하기 위해서는 사용승인을 받아야 한다. 사용승인 대상 건축물은 건축허가·신고 등을 마친 건축물이며, 불가피하게 건축물이 완성되었으나 사용승인 제출에 어려움이 있는 경우에는 법이 허용하는 범위에서 임시 사용 신청을 하여 일정 기간 건축물을 사용할 수 있도록 하고 있다.

1_ 사용승인 신청

공사 완료 후 건축물을 사용하기 위해서는 행정관청으로부터 건축물의 사용승인을 득해야 한다.

사용승인 신청(건축주)	감리 건축사
(현장조사를 통한 설계도면 보완 및 신청서 작성, 관련 서류 등을 첨부하여 행정관청 제출)	(현장조사를 통한 감리 중간, 완료보고서 행정관청 제출)

관할 행정관청(허가과)

업무 대행자(관내 건축사) 지정

업무대행 건축사

업무 대행 건축사의 현장조사(위법 사항이 없을 경우)
현장 조사 및 검사조서 작성하여 관할행정관청 제출

행정관청(허가과)

(검토 후 사용승인서 교부)

신청자 (건축주)

※ 사용승인 완료 후 소유자를 변경하고자 할 때에는 새로이 취득 과정을 거쳐야 야므로 이중의 비용이 발생된다. 이러한 문제가 발생하지 않도록 건축물을 완성, 사용승인 신청 전에 등록하고자 하는 소유자를 명확히 하여 신청하도록 한다.
· 행정관청의 업무 대행 건축사 지정은 지역에 따라 다르게 적용되기도 한다.

※ 사용승인과 준공의 차이
· 사용승인 - 건축법에 따라 건축물이 완성되었을 때 허가를 받은 건축주가 사용승인을 신청하는 것
· 준공검사 - 국토의계획및이용에관한법률에 따라 개발행위 허가를 받은 경우, 도시및주거환경정비법(재개발, 재건축 등), 도시개발법에 의한 사업을 완료하면 관할 행정관청에 준공검사를 받는 것
· 사용검사 - 30세대 이상 주택을 짓는 경우 주택법에 따라 주택건설사업 또는 대지조성사업을 완료한 경우에는 사업계획승인을 받은 사업 주체가 관할 행정관청의 사용검사를 받는 것

사용승인 신청서 구비 서류(해당 사항에 한함)

첨부서류	관련서류	관련근거
사용승인신청서	1. 사용승인신청서/검사조서 2. 동별/층별 개요 3. 건축물 소유자 현황 4. 설계 변경 사항이 반영된 최종 공사완료도서 5. 건축물 현황도면 6. 해당 법령에서 준공검사 또는 등록신청 등을 받기 위하여 제출하도록 의무화하고 있는 신청서 및 첨부서류(해당 시) 7. 감리비용 지불 증명 서류(해당 시) 8. 내진능력을 공개하여야 하는 건축물인 경우: 건축구조기술사가 날인한 근거자료(해당 시) 9. 액화석유가스 완성검사 증명서	「건축법 시행규칙」 제16조
사용승인 신청 관련 자료	1. 사용승인 신청 시 제출서류 목록표 - 본 목록에 해당 여부와 제출 여부 표기 2. 건축심의사항 이행 현황(해당 시, 양식 붙임) 3. 건축허가 안내사항 이행 현황(양식 붙임) - 사용승인 의제 및 첨부서류(붙임) 4. 준공사진첩 5. 지적측량결과부	건축허가 조건 및 안내사항

감리보고서	1. 감리의견서
	2. 감리중간/완료보고서(아래사항 첨부)
	  - 건축공사감리 점검표
	  - 별지 제21호서식의 공사감리일지
	  - 공사추진 실적 및 설계 변경 종합
	  - 품질시험성과 총괄표
	  - 「산업표준화법」에 따른 산업표준인증을 받은 자재 및 국토교통부장관이 인정한 자재의 사용 총괄표
	  - 공사현장 사진 및 동영상(법 제24조제7항에 따른 건축물만 해당한다)
	  - 공사감리자가 제출한 의견 및 자료(제출한 의견 및 자료가 있는 경우만 해당한다)
		「건축법」 제25조
		「건축법 시행규칙」 제19조

준공(완성)검사필증	1. 승강기 완성검사 필증
	2. 전기사용 전 검사필증
	3. 정보통신공사 사용 전 검사필증
	4. 소방시설 완공검사 필증 / 소방시설 설치 확인서
	5. 전기안전관리자 선임신고 필증
	6. 저수조 청소·소독 필증
	7. 배수설비 준공검사 필증
	8. 도로점용 준공검사 필증
	9. 위험물 자가용 주유취급소 설치허가 필증
	10. 탱크검사(시험) 필증
	11. 방염검사 필증 (카펫,가구,페브릭,도배 외)
	12. 보일러 검사필증
		1.「승강기시설안전관리법」 제13조
		2.「전기사업법」 제34조
		3.「정보통신공사업법」 제36조
		4.「소방시설공사업법」 제14조
		  / 허가조건 및 안내사항
		5.「전기사업법」 제45조
		6.「해당지역 하수도 사용조례」
		  제8조 등의 관계 법령에 해당할 경우
		8.「도로법」 제62조

건축자재 품질관리서, 시험성적서 등	1. 품질시험검사성과 총괄표(상주감리대상시,감리자 확인) 2. 복합자재,단열재,방화문,자동방화셔터,내화충전구조,방화댐퍼 품질관리서 3. 건축자재품질관리서 대장 4. 단열재,방화문,자동방화셔터,방화댐퍼 등 각종 건축자재 시험성적서 사본, 납품확인서	건축공사감리세부기준 「건축법」 제52조의4 「건축물의 피난·방화구조 등의 기준에 관한 규칙」 제24조의3
내화구조 품질관리확인서	1. 내화구조(철골내화뿜칠) 품질확인서 2. 철골내화뿜칠 체크리스트 3. 내화구조(철골내화도료) 품질확인서 4. 철골내화도료 체크리스트	「내화구조의 인정 및 관리기준」 (국토해양부 고시 제2010-331호, '10.5.31)에 해당할 경우
건축설비 설치확인서 (감리자 확인)		「건축물의 설비기준 등에 관한 규칙」 제3조제2항
온돌 및 난방설비 설치확인서 (감리자 확인)		「건축물의 설비기준 등에 관한 규칙」 제4조제2항
절수설비 설치완료보고서 등 관련서류	1. 절수설비 설치완료보고서 및 증빙자료 (세종시 상수도과 담당자 확인)	「수도법」 제15조 「수도법 시행령」 제25조 (세종시 상하수도와 협의조건)
도로명주소 확인서 (감리자 확인)	1. 도로명주소 고시문, 건물번호판 설치 사진	
건축물관리계획		「건축물관리법」 제11조 「건설산업기본법」 제41조에 따라 건설사업자가 시공하여야 하는 건축물인 경우
기타 서류	건축허가 시 제출토록 안내한 자료	

※ 건축물의 용도 및 해당지역에 따라 제출서류는 다를 수 있음.

2_ 지목 변경하기

1. 지목 변경의 대상 토지
국토계획법 등 관계 법령에 의한 토지 및 건축물에 대한 공사가 완료(준공)된 경우

2. 신청 방법
신청한 사업이 완료되어 개발행위 준공 또는 건축물 사용승인 등 관련 행정 절차가 완료된 후 소유자는 지목변경신청서 등 관련 서류를 첨부하여 관할행정관청 지적과에 신청한다.

관청(허가과)	사용승인 완료 통보 	소유자 지목 변경 신청(행정관청 지적과) 첨부서류(지목변경신청서, 토지 이동신청서, 사용승인 필증 또는 개발행위 준공검사필증 등)

지적과(지목 변경 처리)
관할등기소에 토지표시 변경(지목, 등록전환, 분할,
합병 등)에 대한 등기촉탁 요청
(토지, 건물의 소유권에 대한 촉탁이 아님)

관할등기소 처리

3_ 개발 부담금(개발 이익 환수에 관한 법률 시행령 제4조)

각종 개발사업[토지의 지목 변경이 수반되는 사업, 주택지 조성사업 등(예 : 농지·임야 → 대지)]에 따른 이익이 개인에게 돌아가 지가 상승과 부동산 투기를 조장하는 것을 방지하기 위해 국가가 개발이익의 50%를 사업시행자 또는 토지 소유자에게 부과하는 제도이다. 여기서 개발이익은 개발로 인한 순수한 차익(개발로 인한 땅값 상승액 - 개발비용)이 정상적인 땅값 상승액보다 큰 경우 그 금액을 말한다. 그러나 개발사업을 한다고 하여 모두 부담금을 부과하는 것이 아니고, 아래의 용도지역과 일정 개발면적 이상이 되어야 부과된다.

① 특별시, 광역시의 지역 중 도시지역에서 시행하는 사업의 경우 : 660m2 이상
② ①이외의 지역 중 도시지역에서 시행하는 사업의 경우 : 990m2 이상
③ 도시지역 중 개발제한구역 내에서 그 구역의 지정 당시부터 토지를 소유한 자가 그 토지에 대하여 시행하는 사업의 경우 : 1,650m2 이상
④ 도시지역 외의 지역에서 시행하는 사업의 경우 : 1,650m2 이상

4_ 취득세

신축에 의해 건물을 취득하였을 때에는 사용승인이 난 날로부터 60일 이내에 관할 시·군·구청 내 세무과에
취득세를 자진신고 해야 한다. 기간을 경과한 60일 이후에 신고할 경우 20%의 (가산금)+세액을 납부하여야 한다.

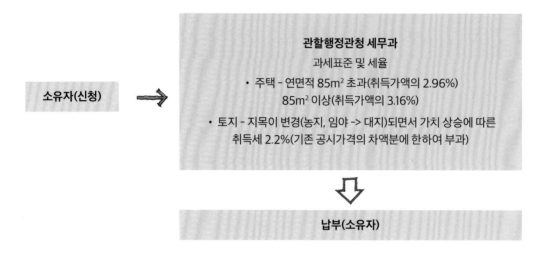

5_ 등기등록(소유권 보존등기)

사용승인 관련 세금신고까지 모두 완료되면 신축 건물에 대한 소유권 보존등기를 하여야 한다.

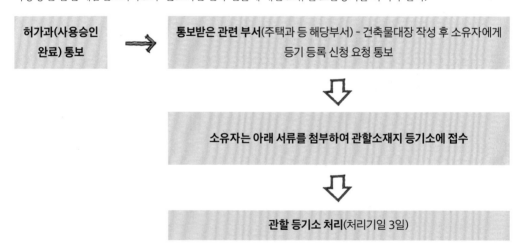

이로써 등기 등록이 마무리되면 모든 행정 절차가 마무리된다.

※ **취득세** : 취득가액은 취득자(소유자)가 신고한 가액으로 하되 신고를 하지 아니하거나 신고한 금액이 시가표준액에 미달 또는 신고가액의 표시가
    없는 때에는 행정관청에서 시가표준액으로 계산한다. 다만, 법인 등과의 거래로 사실상 취득가격이 입증(계약서 등)되는 경우에는 신고가격에 의하여
    적용한다.
· 취득세 신고 시 필요서류 : ① 건축물대장 ② 공사비산출내역서(도급사의 경우 계약서) ③ 설계, 감리계약서 ④ 상·하수도등 각종인입공사비 및 분담금
               ⑤ 한진불입금등
· 소유권 보존등기 : 미등기 상태의 토지나 건물에 대하여 소유권을 기재하여 처음으로 등기부에 올리는 것을 말하며 사용승인 후 일정 기간 이내에 하여야
                한다는 규정은 없다.
· 소유권 보존등기시 필요서류 : ① 건축물대장 ② 주민등록 초본 ③ 취·등록세 영수필 확인서 ④ 신분증, 도장

등기사항전부증명서(말소사항 포함)
- 건물 -

고유번호 1344-2014-005697

[건물] 경기도 이천시

【 표 제 부 】 (건물의 표시)				
표시번호	접 수	소재지번 및 건물번호	건 물 내 역	등기원인 및 기타사항
1	2014년12월11일	경기도 이천시	철근콘크리트구조 스페니쉬기와지붕 단층 단독주택 158.17㎡	

【 갑 구 】 (소유권에 관한 사항)				
순위번호	등 기 목 적	접 수	등 기 원 인	권리자 및 기타사항
1	소유권보존	2014년12월11일 제53105호		소유자
1-1	1번등기명의인표시 변경	2016년11월7일 제51259호	2016년9월2일 전거	

【 을 구 】 (소유권 이외의 권리에 관한 사항)				
순위번호	등 기 목 적	접 수	등 기 원 인	권리자 및 기타사항
1	근저당권설정			

-- 이 하 여 백 --

1/2

등기부등본(보존등기)

※ 등기부등본의 구성 : 건물 전체에 대한 표제부, 전유 부분의 표제부, 갑구, 을구의 네 부분으로 구성된다.
· 표제부 - 해당 주소에 대한 건물의 표시를 기록
· 갑구 - 해당 주소지의 소유권에 관한 사항이 기재되며, 소유권이 언제 어떠한 이유로 누구에게 이전되었는지, 소유권에 어떠한 제한이 있는지가 기록된다.
· 을구 - 소유권 이외의 권리인 (근)저당권, 저당권, 전세권, 지역권, 지상권 등이 기재되며, 이러한 권리관계의 변경, 이전이나 말소도 기재된다.

이듬해 춘분 즈음 조경 공사 보완

건축사가 8개월간 기록한
공정 단계별 실무

전원주택

설계&시공

주택 유지 관리

많은 과정과 노력을 통해 상상하던 집이 완성되었다.

건축물의 완성은 가공된 재료를 사용하여 많은 기술자의 작업 과정을 통해 만들어진다.

이러한 과정을 통해 만들어진 집은 가족의 단란한 생활과 휴식, 삶의 재충전을 위한 공간이 된다.

건축물은 생활하면서 자연환경의 영향에 따라 재료의 내구성이 저하될 수 있어 사용자의 적절한 관리가 필요하다. 물론 공사 과정의 정밀하지 못한 작업으로 인해 발생하는 하자도 있으므로 시공에 있어 그에 맞는 기술과 노력을 기울여 작업을 완성하여야 하는 것은 그 책임을 맡은 기술자들의 몫일 것이다.

그렇다면 살면서 관리가 필요한 부분이나 문제가 발생되었을 때의 처리, 관리가 필요한 부분들에 대하여 살펴보도록 하자.

1_ 건축

1. 바닥, 벽 타일 적용 시 관리

욕실 등의 타일 줄눈에 생긴 오염 제거를 위해 강한 약품을 사용할 경우 시멘트 줄눈의 성능이 저하되고 이로 인한 줄눈 시멘트의 점착력이 약화될 수 있다. 그러므로 줄눈 속으로 물이 침투되어 방수에 문제가 생기거나 또는 타일 탈락 등의 문제가 발생될 수 있으므로 사용에 주의한다.

2. 내부 바닥의 대리석, 타일의 관리

내부 공용공간인 주방, 식당 바닥에 대리석 또는 타일 등을 적용할 경우 사용 중 음식물 등이 떨어지고 닦아내면서 줄눈에 오염과 변색이 되면 미관상 좋지 않다. 이를 방지하기 위해서는 시멘트 줄눈이 아닌 에폭시 형태의 줄눈 코팅제를 사용하는 것이 낫다. 대리석의 경우에는 표면에 광택을 내어 바탕 면에 코팅막이 형성되도록 하는 방법도 있다. 또한, 수직으로 둔탁한 물건을 바닥에 떨어뜨리면 마감재에 갈라짐이 발생할 수 있는데, 이를 보수하려면 여러 불편함이 따르므로 선택에 신중을 기한다.

3. 결로 발생

결로란 구조체의 표면 온도가 주위 공기의 노점 온도보다 낮아 표면에 이슬이 맺히는 현상을 말한다. 이와 같이 구조체 표면에 생긴 결로를 표면 결로라 하며, 구조체 내에서 마찬가지로 물방울이 맺힐 수 있는데 이를 내부결로라고 한다. 결로의 발생은 실내에서의 높은 온도 발생, 외기로부터의 단열 차단 미흡으로 인한 열교 부위 발생, 생활 중 환기 부족 등, 복합적인 원인에 의해 발생한다. 특히 건축 후 1~2년 사이 콘크리트와 모르타르공사 등의 습식공사 부분 외 각종 재료에 함유되어 있는 수분으로 인해 공사 완료 후 1~2년 사이에 결로 발생이 크게 나타난다. 이러한 결로 발생을 최소화하기 위해서는 시공 중 단열 시공이 철저히 이루어져야 한다. 또한 주거 생활 중 실내온도를 너무 높지 않게 하며, 자주 환기를 하는 등 사용자의 관리가 필요하다.

※ **노점 온도** : 공기 속의 수분이 수증기의 형태로만 존재할 수 없어 이슬이 맺히는 온도

· **열교** : 바닥, 벽, 지붕 등의 건축물 부위에 단열이 연속되지 않는 부분이 있을 때, 이 부분이 열적 취약 부위가 되어 이 부위를 통한 열의 이동이 많아지며, 이것을 열교 또는 냉교현상이라고 한다.

4. 적정한 실내온도 유지

내부 마감 재료가 벽지, 페인트일 경우 입주 후 재료가 안정화 되기 전에 과도한 냉난방을 할 경우 재료 접합 부분에 탈락 또는 갈라짐, 재료의 수축 등의 문제가 발생할 수 있으므로 적정한 온도의 사용이 필요하다.

5. 주택 관리를 위한 주기적인 대청소

1년에 1~2회 정도 대청소를 하면서 주택을 깨끗이 관리하도록 한다. 외부 비, 바람에 노출된 부분은 주의 깊게 확인하도록 한다. 건축물에 사용되는 재료는 영구적인 것 또는 교체와 보수가 필요한 재료들이 복합적으로 이루어져 시공된다. 때문에 사용자는 바쁜 일상생활에서 주택을 수시로 관리하기가 어려우므로 집안 대청소를 할 때에 취약부 및 손상 부분 등을 체크하여 보완하는 게 바람직하다.

6. 외부 석재바닥 주기적인 청소

외부 테라스 바닥 등에 설치된 화강석 표면에 오랫동안 먼지 때가 달라붙어 있으면 오염 제거가 어려우므로 일정 기간마다 압력을 가하여 물청소를 해준다.

7. 겨울에 내린 눈 관리

외부 베란다 및 1층 테라스 바닥에 타일 또는 화강석을 시공한 경우, 겨울에 눈이 내리면 바닥에 쌓여 얼지 않도록 한다. 관리가 어려울 경우 두꺼운 부직포 등으로 보양하도록 한다. 방치할 경우 눈, 비가 바닥에 쌓여 녹으면서 줄눈 사이로 침투된 물기가 얼게 되고 이로 인하여 팽창(융기현상)이 되면 재료가 탈락된다.

8. 지붕바닥 및 처마홈통 청소

낙엽이 지고 난 늦가을, 겨울 지나 봄비 전, 여름 장마 전에는 지붕 위에 있는 낙엽과 지붕 위 홈통은 물론 지면에 설치된 빗물받이 맨홀에 쌓인 낙엽 등의 이물질을 제거한다.

9. 선 홈통 관리

겨울에 내린 눈이 홈통 아래로부터 홈통 속 위로 얼어 막혀 있는 상태에서 비가 내릴 경우 빗물이 역류하여 피해가 발생할 수 있으므로 점검하도록 한다.

10. 지붕, 베란다 바닥 노출 우레탄방수 마감면 관리

주택에 옥상 또는 베란다 등에 노출 방수가 적용된 경우 생활 도구 보관 등 주거 생활 중에 방수재에 손상이 가지 않도록 주의한다.

11. 접합부 실리콘 시공

평지붕에 설치된 파라펫, 창틀 주변 등, 각 재료의 접합면에 시공한 실리콘의 내구성이 저하되기 전 보수하여 빗물이 침투되지 않도록 한다.

12. 철 종류의 외부재료 관리

외부에 금속재로 이루어진 난간 등이 시공된 경우 시간이 흐르면서 재료의 특성상 녹이 발생하여 주변에 오염과 원재료의 내구성이 약화되므로 사용 주기에 따라 적절한 보수를 하여 유지관리 비용이 최소화되도록 한다.

2_ 전기

1. 배선기구 작동 확인
조명기구 관련 스위치, 콘센트, 통신기구가 정상 작동되는지 확인한다. 조명기구 작동을 위한 스위치가 한곳에 집중 설치되어 있는 경우 스티커 등을 표시 부착하여 사용에 불편함이 없도록 한다.

2. 전기 분전함 관리
분전함 내 누전 차단기에 라인 계통도(실별 위치)를 표시하여 사용 중 전기가 들어오지 않을 경우 1차 누전 차단기를 신속히 확인할 수 있도록 한다.

3. 누전 차단기 관리
누전 차단기에 속해 있는 버튼을 누른 후 차단기가 내려가지 않으면 누전 차단기가 불량이며, 누전 차단기를 올렸는 데도 오프(off)될 때에는 누전일 가능성이 있다. 누전 차단기가 정상 작동 시 전기가 들어오지 않으면 전열 기구의 불량 또는 접속 불량일 가능성이 있으므로 관계자와 협의하도록 한다.

4. 전구 및 조명기구 관리
최근에 조명기구는 LED 사용이 보편화 되어 전체 또는 전구 교체가 필요한 조명기구는 구매 시 예비용으로 추가 확보하도록 한다. 교체 방법을 숙지하여 간단한 교체는 손쉽게 할 수 있도록 한다.

3_ 설비

1. 배수구 냄새 발생 원인
욕실 바닥 또는 세면기 배수구 아래에는 일정량의 물을 담아 배관 속 아래로부터 올라오는 냄새를 차단하기 위한 트랩이 설치되어 있는데 이를 '봉수'라고 한다. 그런데 사용자에 따라 물 빠짐을 크게 하려고 이를 제거하여 사용하는 경우가 종종 있는데, 냄새를 차단되지 못할 수가 있다. 또한 배수구 주변에 물 사용이 오랜 시간 없게 되면 트랩 속에 채워져 있는 물이 증발(봉수 파괴 현상)하면서 악취가 발생하므로 자주 사용하지 않는 배수구에는 간헐적으로 물을 흘러 트랩 속에 물이 채워지도록 한다. 또한, 타일 등 시공과정에 배관 속으로 시멘트 등이 흘러 들어가 일부 막힐 수 있으므로 바닥 트렌치(배수구) 뚜껑을 열어 그 속을 확인하도록 한다.

2. 세면기 속 이물질 제거
욕실 내 세면기에 물 내림을 조절할 수 있도록 한 팝업(popup)이 설치되어 있는데, 주기적으로 탈착하여 그 속에 작은 갈고리 등을 사용하여 이물질 등을 제거하도록 한다.

3. 외부 수도 동파 방지 조치
주택에는 외부에 수돗가를 1~2개소 정도 설치한다. 이때에는 동파 방지용 수전이 설치됐는지 확인하며 별도의 보온 조치가 되도록 한다. 또한 베란다에 수전을 설치할 경우 겨울에 내부에서 물 공급이 차단되도록 볼밸브가 설치되었는지 확인하도록 한다.

4. 사용 중 누수 발생 시 대처 방법

주거 생활 중 배관 및 수전 등에 누수 현상이 발생할 수 있는데, 기술자가 현장에 도착하기까지 시간이 소요되어 피해가 발생할 수 있다. 따라서 기본적인 급수 차단 방법을 숙지하여 신속히 대처할 수 있어야 한다. 이때에는 일차적으로 외부 수도계량기 밸브를 잠가 차단하거나 실내에 설치된 1차 주밸브를 잠가서 차단하는 방법이 있으므로 미리 숙지하여 둔다.

누수 원인을 체크해 보는 방법
· 누수 원인을 일차적으로 확인할 수 있는 방법은 외부 수도계량기 또는 내부 1차 주밸브를 잠근 후 수도계량기의 계기판에 변화가 있는지 확인하며, 작동이 되면 수도계량기와 주택 주밸브 사이의 배관상 문제일 가능성이 크다.
· 내부 전체 수도를 사용하지 않는 상태에서 수도계량기를 확인하여 변화가 있으면 수도 배관 또는 수전 등에서의 누수일 가능성이 높다.
· 외부 수도계량기를 차단한 상태에서 누수 현상이 지속될 경우 방수의 문제라고 볼 수 있다.
· 수전 주변에 누수 여부를 간단히 체크할 수 있는 방법은 각 급수관 연결 앵글밸브와 소켓 접합부에 휴지 등을 이용하여 체크해 보는 방법도 있다.

5. 양변기 고정 상태 확인

양변기 설치 시 매립 배관과의 수밀성을 위한 고무 패킹이 누락되거나 양변기 설치 후 바닥 타일과의 마감을 위한 시멘트가 탈락되었을 때에는 냄새가 날 수 있다.

6. 주방에서 사용하고 남은 기름 별도 관리

주방 등에서 사용하고 남은 기름 등을 싱크대에 계속하여 버리면 배관 트랩부 등에서 이물질과 함께 쌓여 막힐 수 있으므로 주의하도록 한다.

4_ 조경

1. 수목 부위별 명칭

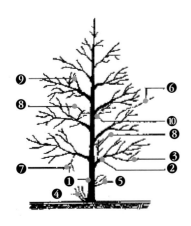

①주간 ②주지 ③측지 ④포복지(움돌이)
⑤맹아지(붙은가지) ⑥도장지
⑦하지 ⑧내향지(역지) ⑨교차지 ⑩평행지

- 가지치기의 일반원칙

· 무성하게 자란 가지는 제거한다.

· 지나치게 길게 자란 가지는 제거한다.

· 수목의 주지는 하나로 자라게 한다.

· 평행지를 만들지 않는다.

· 수형이 균형을 잃을 정도의 도장지는 제거한다.

· 역지, 수하지 및 난지는 제거한다.

· 같은 모양의 가지나 정면으로 향한 가지를 만들지 않는다.

· 기타 고사지나 병지, 허약지 등 불필요한 가지를 제거한다.

· 나무를 충분히 관찰해 수관의 형태를 파악하고 밑그림을 그린 후 수형을 흐트러트리거나 목적에
  맞지 않는 큰 가지를 잘라낸다.

· 수관의 위쪽에서부터 아래쪽으로, 밖에서 안쪽으로 향하여 가지를 자른다.

· 수관을 이루는 굵은 가지부터 먼저 자르고 다음으로 가는 가지를 자른다. 가시치기 후에는 가위 밥을
  털어주고 뿌리 근처에 잔재물을 놓아두지 않는다.

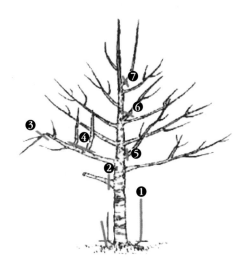

2. 수목 가지치기

이식 후 2~3년간 활착이 되기를 기다린 후
골격지가 형성되도록 ①~⑦번까지의 가지를
제거하여 준다.

①맹아지(근맹아) ②수하지 ③부러진 가지
④평행지·교차지 ⑤교차지 ⑥측지
⑦주간 유도를 위한 제거

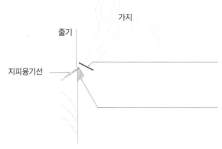

가지치기를 할때 지피융기선의 바로 바깥쪽에서 시작하여 지륭
부분이 상하거나 잘려나가지 않도록 엇비슷하게 자른다.

3. 수목 비료 주기

- 수목이 건강하게 자라기 위한 3대 요소로는 질소(N), 인산(P), 칼륨(K)이 있다. 질소는 '잎비료'라고
  할 정도로 잎과 줄기 성장에 영향을 주고 인산은 '열매비료'라 하며 개화와 결실이 잘되도록
  도와준다. 칼륨은 '뿌리비료'로 어린 뿌리와 형성층 등의 생장에 영향을 준다.
- 수목의 이식 직후나 생장이 부진한 때, 기상 재해 요인 발생 등 수세가 떨어질 경우, 적절한 비료
  주기를 두고 생장과 개화를 촉진시킨다.
- 연간 시비는 기비(11~12월 또는 2월 말~3월 말 한 번)와 추비(4월 말~6월 말 기비량의 1/2~1/3)로
  나누어 주되, 화목류는 잎이 떨어진 후에 효과가 빠른 비료를 준다.
- 비료량은 토양의 상태, 수종, 수세 등을 고려하여 결정한다.
- 식재 시에는 유기질 비료가 충분히 부숙된 비료를 식재 구덩이에 흙과 잘 섞어 넣는다. 식재 후에는
  수목 지상부의 수관이 형성된 외곽 부분에 거름 구덩이를 만들어 시비한다. 또한 토양 조건이 좋지
  않은 토지에는 표준량의 1.5~2배를 가산하여 시비한다.
- 비료를 줄 때 유의 사항
  · 비가 올 때나 전 그리고 장마기에는 시비를 하지 않는다.
  · 비료가 식물의 뿌리에 닿지 않게 한다.
  · 유기비료(깻묵, 분뇨, 부엽토 등)의 경우 완전히 부식된 것만 사용한다.
  · 비료의 성분 함량이 다르기 때문에 충분히 숙지하고 사용한다.

비료 등 영양분 주는 방법

구 분		내 용
토양 내 시비법	방사상 시비법	- 잎이 떨어지고 새 잎이 날 때 - 뿌리가 상하기 쉬운 노목에 실시 - 수목의 지표면 수간으로부터 밖으로 퍼져 나가는 형태로 시비하는 방식
	윤상 시비범	- 어린 나무에 실시 - 지표면 수간을 중심으로 하여 수관폭을 형성하는 가지 끝 아래 윤상으로 구덩이를 파서 시비하는 방식
	전면 시비법	- 수목 식재 전, 전면에 밑거름용으로 시비 - 수목이 밀식된 경우, 잔디 식재지에 시비
	점 시비법	- 뿌리가 상하기 쉬운 노목에 실시 - 시비하고자 하는 곳에 구멍을 뚫고 시비하는 방식으로 주로 액비를 시비할 때 적용
엽면 시비법		- 비료를 물에 녹여 분무기를 이용하여 엽면에 분사하는 방식 - 미량원소 중 체내에 흡수가 잘 되지 않는 망간(Mn), 철(Fe), 아연(Zn), 구리(Cu)의 결핍 증상이 나타날 때
수간 주사법		- 수간에 드릴(drill) 등을 이용하여 구멍을 뚫고 주사기를 통해 영양액을 주입하는 방식 - 날씨 제약이 적고 빠른 수세 회복을 원할 때 적용

시비모식도

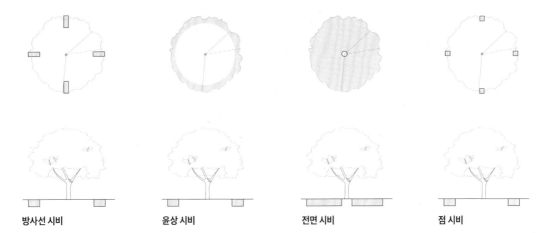

방사선 시비   윤상 시비   전면 시비   점 시비

4. 수목 관수와 배수

- 관수(물 주기)

  · 물 주기는 1회를 실시하더라도 충분히 뿌리에 스며들게 한다.

  · 여름철 심한 건조에는 한 번에 수분이 스며들기 어려우므로 흙이 젖어 들어가는 상태를 확인하면서 2~3회
  횟수를 나누어 주도록 한다.

- 관수 시 유의 사항

  · 봄부터 초가을 : 오전 7~11시(해 뜨고 기온 상승 전)

  · 건조 상태에 따라 추가 관수 필요 시 : 오후 2~4시

  · 여름에는 수목의 뿌리근뿐만 아니라 수관부 전체까지 관수하여 식물체의 체온을 내려 준다.

  · 늦가을부터 겨울 : 11시 이후(온도가 낮은 시기)

- 배수(물빼기) 시 유의사항

  · 배수가 불량한 식재지에는 산소 부족으로 뿌리가 호흡이 불량해져 고사의 원인이 된다. 따라서 표면 배수 등의
  방법을 통해 원활히 되도록 한다.

  · 우기에 수일간 물이 고여 수목 생육에 지장을 초래하는 장소(넓은 초화류 식재지, 잔디밭 등)는 상황에 따라
  신속히 배수 처리하여 토양의 통기성을 유지해 주어야 한다.

5. 수목의 병충해 예방

  · 전염원 제거 : 병원균과 충은 발병 부위에서 월동하거나 죽은 기주체에서도 생존한다. 균의 경우에는 포자도에
  잠복하다가 퍼지기 때문에 제거한 가지나 잎은 소각하거나 매설해야 한다.

  · 생물환경 개선 : 토양의 습도, 채광 등이 불량할 경우 병충해 피해를 입기 쉽다. 때문에 토양 배수, 통풍,
  채광의 여건을 개선하여 수목 생장에 적합한 환경을 만들어야 한다.

  · 약제 살포 : 병충해를 제거하는 가장 효과적인 방법이다. 약제 살포 시 병균과 해충의 생활사에 맞춰 적기에
  사용해야 효과를 볼 수 있다.

6. 잔디깎기

잔디깎기는 균일한 잔디 면을 제공하는 것뿐만 아니라 잔디의 생장을 촉진하여 잔디 밀도를 높이고, 잡초의 발생과 병해충 발생 감소, 경관미 향상을 위해 필요하다.

- 잔디깎기 시기
· 들잔디는 잎의 길이가 3~6cm 이내가 되도록 수시로 실시하고 기타 잔디류는 식물의 생장에 지장을 주지 않으며 목적에 부합되는 범위 내에서 자주 실시한다.
· 횟수는 들잔디는 잔디의 생육이 왕성한 6~9월에, 한지형 잔디는 봄과 가을에 집중적으로 실시한다.

- 잔디 비료주기
· 잔디는 지상부와 지하부 생육이 활발한 시기에 비료를 주며, 한지형 잔디의 경우 봄과 가을에, 잔지형 잔디는 여름에 비료 주기를 실시한다. 가능한 제초 작업 후 비료를 주며, 지엽에 부착된 비료를 제거한 후 관수를 해준다. 한지형 잔디의 경우 고온에서는 비료 주기를 하지 않는다. 생육 부진이 예상되는 등 비료 주기가 필요한 경우에 약하게 액비로 비료를 준다.

7. 월동

- 월동이란 : 식물은 겨울철 기온이 낮아지면 수간부 파열, 가지 고사 등 동해를 입게 된다. 특히 남부 수종과 같이 동해에 약한 수종이나 이식한지 얼마 되지 않은 수목 등을 보호하기 위해 겨울이 되기 전 월동 관리를 한다. 동해 예방 방법에는, 방한덮개(바람막이), 짚싸기, 해충포집용인 잠복소 설치 등이 있다.

- 방한덮개(바람막이) : 45cm 폭의 볏짚을 이어 만들어 관목류가 동해를 입지 않도록 보호하는 것이다.
· 잠복소(벌레집) 설치
수목 또는 바닥에서 일정한 높이에 볏짚을 둘러준다. 이는 겨울철이 추우므로 해충들이 겨울을 나기 위해 아래로 내려와 따듯한 잠복소에 월동처를 마련하고 번데기가 되어 겨울을 나게 된다. 그러면 이듬해 봄에 잠복소를 거두어 태워버리면 된다.

조경시설물 연간 유지관리표

구분	공종	1	2	3	4	5	6	7	8	9	10	11	12	횟수	비고
식재지	전정(상록)		■	■						■	■	■		1-2	
	전정(낙엽)			■				■	■			■	■	1-2	
	전정(생울타리)					■			■			■		3	
	시비					■					■			1-2	
	병충해 방제				■	■	■	■	■	■	■			3-4	
	제초				■	■	■	■	■	■	■			3-4	
	관수				■	■	■	■	■	■	■			수시	식재장소, 토양에 따라 결정
	방한											■		1	3월에 철거
	지주결속재점검							■	■					2-3	태풍 전후 1회 이상 점검
잔디	잔디깎기					■	■	■	■	■				5-6	
	제초				■	■	■	■	■	■				5-6	
	시비				■	■								1-2	
	병충해 방제					■	■	■	■					2-4	
	떼밥주기			■	■									1	
	관수				■	■	■	■	■	■				수시	
화단	식재 교체			■	■	■	■	■	■	■	■	■		4-5	
	제초				■	■	■	■	■					5-6	
	관수				■	■	■	■	■	■				수시	

※ 상세한 내용은 전문가와 협의 후 진행

참고 문헌 및 자료 사진 출처

- 김왕직, 「한국건축 용어사전」, 동녘, 2007.
- 장기인, 「건축 구조학」, 보성각, 2018.
- 장기인, 「한국건축 대계」, 보성각, 2010.
- 김종남, 「한옥 짓는 법」, 돌베게, 2011.
- 편집부, 「테마가 있는 정원가꾸기 +33」, ㈜주택문화사, 2022
- 황한순, 「건축시공실무 길라잡이」, 건설도서, 2002.
- 건설부, 「건축공사표준시방서」, 서우문화사, 1994.
- 예건축사사무소(조사&편집), 「한국의 전통가옥 기록화보고서」, 문화재청, 2012.
- 수원시청, 「민간조경 관리 매뉴얼」, 수원시, 2018
- 건축용어집 「화성성역의궤」, 경기문화재단, 2007
- 자료집 「건축시공」, 한솔아카데미
- 이동흡, 강의자료집 「목조재료학 입문」, 한옥설계 전문인력양성과정
- 김상호, 「타일 시공의 이론과 실제」, 그린출판사

- 74, 75쪽_ 정재하시험 사진 - 부국이엔지 제공
- 94쪽_ 철근품질시험 사진 - 상우품질 제공
- 117~118쪽_ 6~11번 사진 - 단감건축사사무소 제공
- 118쪽_ 1~3번 사진 - ㈜우딘 제공
- 119쪽_ 층간 구조부재 연결 입체도, 기둥+보 보강철물 상세도 - ㈜우딘 참고
- 118~119쪽_ 4, 5, 12, 13~17번 사진 - ㈜지이그룹 제공
- 171쪽_ 양식기와 입체도 - 테릴기와 참고
- 181쪽_ 4번 사진 - 문화재청 [한국의 전통가옥 기록화 보고서]
- 191쪽_ 치장벽돌 고정철물 입체도 - 예스텍 참고
- 249쪽_ 귀접이천장 사진 - 김왕직, 「한국건축용어사전」, 동녘, 2007. / 빗천장 사진 - 강화 정수사 법당 실측 수리 보고서 / 보개천장 사진 - 경복궁 근정전 보수공사 및 실측조사보고서
- 302쪽_ 오수처리시설(1~4번) 사진 - 한신환경기업 제공
- 341쪽_ 석공사 중앙 사진 / 346쪽_ 가구공사 하단 중앙 사진 - 윤현상재 제공

건축사가 8개월간 기록한 공정 단계별 실무

전원주택 설계 & 시공

초판 1쇄 발행 2023년 5월 19일

저자 명제근
본문 주택 설계·공사관리 웰하우스종합건축사사무소 www.wellh.com

발행인 이 심
편집인 임병기
편집 신기영, 오수현, 조재희, 손준우
디자인 이준희
마케팅 서병찬, 김진평
총판 장성진
관리 이미경

출력 ㈜삼보프로세스
인쇄 북스
용지 영은페이퍼(주)

발행처 ㈜주택문화사
출판등록번호 제13-177호
주소 서울시 강서구 강서로 466 우리벤처타운 6층
전화 02-2664-7114
팩스 02-2662-0847
홈페이지 www.uujj.co.kr

정가 38,000원
ISBN 978-89-6603-067-5